抱歉迟到了~
学长真的好帅呀!
来了啊!
喔!辛苦了!
你怎么受伤了?
啊呀!这个啊!
是我刚刚为了保护受伤的
流浪猫才弄伤的。
没事了哟~
喵~~
学长好温柔啊~
注意
不过我住的地方禁止养宠物,该怎么办呢?
嘭!
就交给我吧!
嘖!

目 录

第1章　和猫咪相遇

第2章　和猫咪一起生活

第3章　猫咪的日常照护

第4章　猫咪的饮食

第5章　猫咪的健康

人物介绍

山田 由香（30）
布布（公 3岁）

精力旺盛！朋友很多，工作及玩乐都是活力满满。很喜欢猫，但猫咪却不太喜欢她。

山田 真由（28）
雷欧（公 7岁）/小桃（母 出生2个月）

做任何事都相当勤奋且认真的优等生。在协助照应姐姐由香带来的猫咪期间，俨然成为专业的猫博士。

早川 俊彦（33）

由香大学时期的学长，长得帅，工作能力也不错，但只要一碰到猫咪就没辙。

田中 佳子（45）

住在由香公寓隔壁的太太，是这个地区的老大姐，十分凶悍，对养猫的饲主相当严厉。

加藤 亮太（26）

拥有宠物美容师执照的猫咪咖啡店店员，是爽朗的好青年，真由会向他请教猫咪的知识，两人感情也因此越来越好。

第1章　和猫咪相遇

今后将和猫咪一同朝夕相处。

先了解它的特性，并做足万全的准备，

再开始和猫咪一起愉快生活吧！

由香的老家
呼噜呼噜呼噜
姐姐不在还真是安静哪——
姐姐?
铃铃铃
喂……
吓——
砰
救命啊!!
冷静点!我马上过去!
哇!没事吧?!
好可怕~
又是那家伙啊喵……
呼
由香的房间
叮咚
姐?
啥!
门没锁!
咔嚓
没有人?
吱呀呀呀呀……
我进来咯——
唔!

这……
这是……
呜哇哇～啊～
乱
呜哇～
啊！
咻
什……
什么
东西？
杀气
腾腾
闪
这个不
明物体
是？
唔唔唔
啊！
真由！
狼狈
救我!!
我不知道
该怎么办
啦——
那是什么？
狐狸？
拖把？
还是破布？
没问题
是猫啦！
猫?!
事情是这样的……

1
和猫咪相遇

……如此这般
舔
舔
杀气
你要养吗？
嗯！我会努力的。
呼啊~
又来了~老是讲这种话……
养雷欧的时候也是这样说，结果还不是我在照顾它！！
好可爱~♡
这是现在很流行的美短。
喂！
之后就拜托你咯~
我也没办法嘛……
因为它都不理我。
唉——
但是这次说不定会很顺利！
你是哪里来的自信啊？
眼泪攻势出现了。
我答应学长啦！无论如何都要养这孩子！！
拼命摇
拜托!!帮我~
我会请你吃你喜欢的甜点吃到饱的~
注意
真……真是——受不了……
呵~

那么先来捕获它吧！
逗猫棒
洗衣网
捕获？
什么啊喵？
先用玩具引诱……
你看你看
扑通
盯
等它跳下来之后……
我抓！
神速
立刻拉上拉链！
这样一来就会安静了
唰
蠕动
蠕动
真的呢……
不敢相信！
安——静
我回家拿提笼过来，
先带去医院。
医院？
请医生检查有无受伤或生病。
这是捡到猫咪时的基本原则哟。
喔喔——我妹还真是可靠呀！

养猫之前

对交托给你的生命负起责任，和猫咪一起快乐生活吧！

猫咪长得十分可爱，光是看着它们就能得到愉悦。但是，要一同生活可不是光靠可爱就够了，每天都必须妥善处理猫咪的大小便及饮食，并进行健康管理及针对问题找出对策才行。

养猫前必须认识到，猫咪是一条生命。因此一定要有无论在什么情况下都会负责到底的决心，这才是和猫咪快乐生活的第一步。

花在养猫上的费用有哪些

在养猫前要买好的用品需花费1700~3000元人民币（不含购买猫咪的费用），猫粮费及猫砂费一个月需300元人民币左右。另外，像是健康检查等的医疗费、旅行时寄宿宠物旅馆之类的费用也都必须计算在内。在养猫之前，请先考虑自己的经济能力。

包含医疗费在内，每个月的平均花费大约是1000元人民币。

猫咪的寿命有多长

养在室内的猫咪平均寿命约15年，其中也有超过20年的长寿猫。虽然是养在室内，但可自由外出的猫咪寿命约12年，而流浪猫的平均寿命则为2～3年，相当短暂。生活形态导致猫咪的寿命大不相同。

虽然同样是养在室内，却也有3年之差！

可自由外出	完全养在室内
12.3岁	15.8岁

猫咪的平均寿命

※资料来源：日本宠物食物协会（JAPAN PET FOOD ASSOCIATION）2011年全国犬猫饲养状况调查。

饲养前一定要考虑到的问题

先思考一下养猫后，每天的生活会有怎样的变化。事先和家庭成员好好沟通，取得所有人的同意是很重要的。

我有能力照顾它吗?

养猫一定会碰到大小便及饮食的问题，所以必须每天照顾才行。仔细思考一下，你是否有充裕的时间和精力每天照顾它。

是可以养猫的环境吗?

如果是公寓大楼，一定要确认是否允许养宠物。有些公寓虽然可以养宠物，但却可能因为猫咪会磨爪所以禁止，要特别注意。

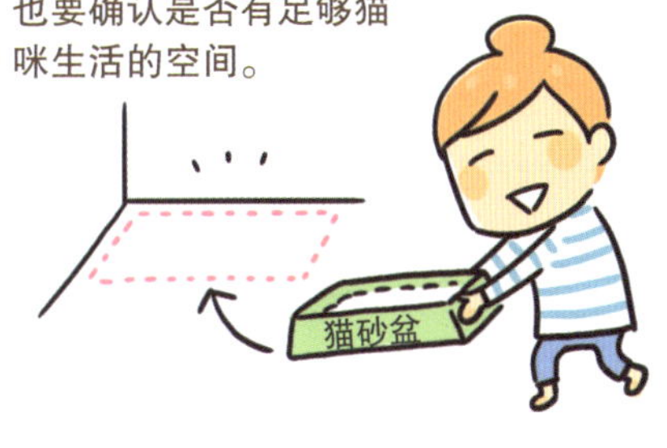

嗯

就算结婚我们还是会在一起哟。

我可以照顾它直到最后吗?

和猫咪一起生活的时间会超过10年，必须考虑到在这段期间内，你本身的生活环境有可能会改变，思考一下你是否能照顾它直到最后。

我适合怎样的猫咪呢?

猫咪的性别和品种不同，性格及照顾所花费的工夫便不尽相同。也要确认爱猫长成成猫后的照顾方法。

公猫和母猫的差异

猫咪有个体差异，会因公母而在性格及体型上有所不同。请先参考以下列表，并事先向送养者或出售者确认猫咪的特征及个性。

	公猫	母猫
性格	会清楚表达喜怒哀乐，爱撒娇又天真，调皮捣蛋孩子气。	慎重派，行为谨慎，具独立精神，也有冷漠的一面。较公猫成熟。
相貌	腮帮子突出，比母猫大的脸上有厚厚的眼皮，眼神也比较锐利。	有着明亮的大眼和利落的脸型，不会长得太大。
体型	长成成猫后肌肉发达，体格变得健壮。一般体型会比母猫大上一整圈。	比公猫小，相较于上半身，下半身较有肉，容易堆积脂肪，触感柔软。
活动范围	活动范围较母猫广，会时不时就想离开家。如果不结扎就有可能会为了寻求母猫而做长距离移动。	活动范围较公猫窄，运动量也小。

※公猫若在首次发情前结扎，外表则和母猫没什么差别。

猫咪中有被毛较长的长毛种和被毛较短的短毛种，长毛种美丽又优雅，但需花费较多心思打理。可以先考虑优缺点后再选择。

捡到猫咪时

遇到小猫或是虚弱的猫咪时，若决定出手救援的话，就要负责到底。若是随意捡猫后又丢弃，对人或猫都会造成困扰。

确认猫咪的周边地点

发现猫咪时，先确认一下母猫有没有在身边。因为有可能是被饲养的猫，所以要先向派出所、动物保护中心，或在布告栏、网络上进行确认。

若是要自己饲养

要充分审视自己今后是否能完全负起责任照顾它，并带到动物医院检查是否有受伤或生病。

若是要寻求领养者

可在亲友间、动物医院或网络上招募领养者，也可以向动物保护中心询问，看看是否有意愿者。

制作寻求领养者的告示，可以参考寻找走失猫咪的告示（P.42），并换成“招募领养者”的标题。

猫咪品种型录

猫咪会因品种不同而有多种个性，可以向原先的饲养者询问了解性格及照顾方式，找到最适合你的猫咪。

苏格兰折耳猫

偏圆的脸上垂下的耳朵十分可爱，体型整体偏圆，性格温和，其中也有立耳的猫咪。

美国短毛猫

身体结实，骨骼粗大。体能好，运动量也大。个性活泼、顺从。称为虎斑的花纹相当具有特色。

曼赤肯猫

因为身体长四肢短这种相当讨人喜爱的体型，又被称为腊肠猫。个性活泼外向。

波斯猫

拥有丝质触感的被毛及蓝色的眼眸，因其美丽的外表而被称为猫中之王。性格温和而安静。

阿比西尼亚猫

金色的被毛美丽动人，动作也十分温柔优雅。叫声可爱，好奇心旺盛，但有时也略显神经质。

俄罗斯蓝猫

具有光泽的被毛，宛如天鹅绒。苗条而温柔，具有高贵气息。十分安静，很少发出叫声。

日本猫

自古以来就栖息在日本，是体型娇小、性情温和的猫。受到外来品种的影响，纯种逐渐减少，因此相当珍贵。

领养或购买猫咪时的观察重点

亲自确认猫咪的健康状态及性格

真希望今后将一同生活的猫咪健康又有活力啊！为了这个目的，可以实际前往送养或出售的地方，亲自确认猫咪的样貌及生活环境再作出选择。

是否愿意仔细回答你的问题，也是辨别对方优劣的重点。

猫咪的检查要点

饲养前要先仔细确认猫咪的各种健康状态。是否能活力十足地玩耍也是一大重点。

耳朵
是否因耳垢而污秽不堪。
是否有味道。

眼睛
是否有眼屎、泪眼汪汪、充血及白色的膜。

肝门
是否清洁紧闭。

鼻子
是否流鼻涕、打喷嚏。

嘴巴
是否口臭及流口水。

毛发
是否光泽亮丽，是否有较薄或掉毛的部位。

身体
抱起时是否能感觉到沉实的重量。

领养或购买猫咪的渠道

猫咪的养育环境会左右身心的状态。可以实际确认领养或购买猫咪的环境后，再从有诚意的人身边挑选充满活力的猫咪。

宠物店

可以多家比较再做选购。确认店员的态度是否真诚可信，饲养环境是否卫生整洁，以及是否照顾周到。

亲友

记得询问猫咪父母的健康状况，是否有痼疾、是否完全养在室内等与饲养环境相关的问题。记得要在出生2～3个月离乳之后才能领养。

繁殖业者

他们是繁殖纯种猫咪的专家，因此可以向对方详细请教猫咪品种的特色及照顾的方式。而对方应对是否诚实、是否值得信赖也相当重要。

动物收容中心

从行政机关所管理的动物收容中心领养。收容的原因成百上千，因此要记得确认被收容的来龙去脉。

如果周围有散发自己或母猫味道的物品，猫咪就会感到安心。请送养者或贩卖者提供猫咪用过的布及猫砂，在饲养的初期就会比较顺利。

事先把用品准备齐全

将基本用品准备齐全
安心迎接猫咪回家吧

如果决定饲养猫咪，在迎接它的到来前，一定要把基本用品先准备齐全。

猫咪对环境的变化相当敏感，所以要备齐饮食及猫砂盆、睡床等生活必需品，将这些必需品预先准备妥当，才能让猫咪顺利适应新环境。

选择用品的重点

可以掌握以下三点。

・根据猫咪品种设计的用品

根据每个猫咪品种的特征选择合适的用品，猫咪和照顾者都比较容易使用，更为方便。

・坚固而安全的用品

选择即使被猫咪抓咬也不会破损的用品。

・干净且易于保养的用品

为了爱干净的猫咪，可以备妥容易清洗且卫生的用品。

从幼猫时期开始养成习惯

猫咪长大后，戒心会变重，像是提笼、笼子、项圈和其他用品等，若是等到幼猫长成成猫后才开始使用，就会容易产生抗拒，而无法顺利使用。想要让猫咪长久使用的用品，可以从幼猫时期开始让它养成使用习惯，如此也可缓和猫咪的压力。

养猫前建议备妥的猫咪用品

猫咪的用品种类相当丰富，可以先和宠物店店员讨论，选择适合家中猫咪的商品。

碗盆

需要分别设置装猫粮用及饮水用的碗盆。推荐选购即使猫咪用鼻子推也不会动，由较具重量的材质制成的产品（P.39）。

猫砂盆、猫砂

带盖的砂盆具有可以遮盖味道的作用。猫砂可依功能性及猫咪喜好进行选购（P.40）。

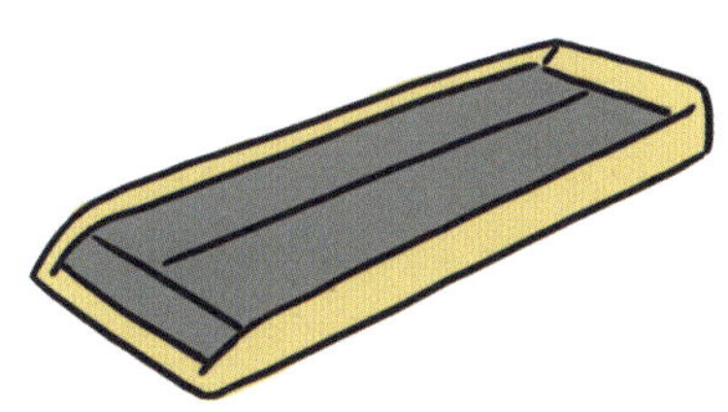

猫抓板

一定要在猫咪开始用家具磨爪前就准备好。猫抓板材质、形状各异，可进行多种尝试，直到摸清猫咪的喜好为止（P.74）。

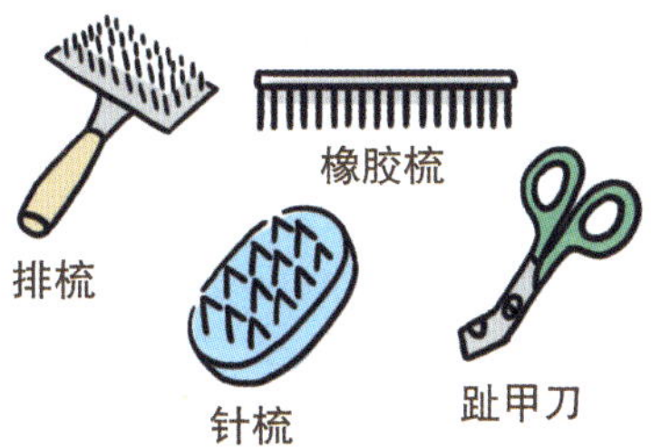

护理用品

短毛、长毛种的梳毛用品并不相同（P.98），趾甲刀也有两种样式，要根据猫咪的品种准备（P.96）。

提笼

在带猫咪去医院等必须移动的情况下使用。建议选择坚固的硬式笼，猫咪比较容易进出，也较为方便。

睡床、笼子

如果有睡床或笼子可以当成窝，猫咪也会比较安心。把布铺在瓦楞纸盒上，亲手制作的简易睡床也可以。

注射疫苗

保护猫咪远离危险传染病的对策

可能致死的传染病会通过猫咪之间打架及黏附于人类鞋底的病毒传播。染病后才治疗，对猫咪的身体会造成负担，因此可以让幼猫定期注射疫苗，加以预防。

注射疫苗的时期

幼猫会从母乳中获得抗体，但出生2~3个月后，抗体会逐渐消失，生病的概率便会增加。第一次注射疫苗要选在这个时候，之后再定期注射。

第一次 出生后50天左右。（移行抗体消失）

第二次 第一次注射疫苗3～4周后。

第三次 第一次注射疫苗1年后，之后每年注射一次。

注射疫苗后的注意事项

注射后，有些猫咪可能会出现身体不适或过敏反应，可以对猫咪做一段时间的身体状况观察。

・注射后要让猫咪安静休息，观察是否有腹泻或呕吐等异常现象。

・注射后2～3天内避免过度运动、洗澡和交配。

・在获得免疫力之前的几个星期内，避免和其他猫咪接触。

有些猫咪可能会出现疫苗关联性肉瘤等副作用，因此可以事先和兽医做好沟通。

疫苗的种类

若是饲养于室内，建议注射三合一疫苗；若可自由外出，则建议注射五合一疫苗。建议先告知兽医猫咪的生活环境等信息，询问意见后再决定。

注射疫苗的种类	预防的疾病
三合一疫苗、五合一疫苗	**猫病毒性鼻支气管炎** 症状和感冒相似，会引起打喷嚏、咳嗽、鼻炎及发烧，也可能会因结膜炎或角膜炎（P.158）、高烧而导致食欲不振。
三合一疫苗、五合一疫苗	**猫卡里西病毒感染症** 会引起打喷嚏、流鼻水及发烧，若是恶化，会引发口内炎（P.160）等症状，嘴巴周围会产生溃疡。也有可能演变为急性肺炎而致死。
三合一疫苗、五合一疫苗	**猫泛白血球减少症（猫瘟）** 会引起白血球数量骤减、高烧、呕吐、腹痛及食欲不振等，也可能会因腹泻而引发脱水症状。体力较差的幼猫及高龄猫致死的可能性很高。
五合一疫苗	**猫白血病病毒感染症** 会出现白血病、淋巴瘤（P.162）等血液肿瘤及贫血等症状。持续感染的猫咪中有90%会在4年内死亡。同时可导致猫咪免疫力下降，容易感染各种疾病。
五合一疫苗	**猫披衣菌** 菌体从眼、鼻侵入，会引起结膜炎（P.158）及打喷嚏、流鼻水等症状，也可能会演变为肺炎。人类也有感染的危险。

※即使是相同名称的疫苗，预防的疾病也可能不同，因此须事先向兽医确认。

这几年也开发出猫艾滋（猫免疫不全病毒感染症）的疫苗，可以和三合一或五合一疫苗一同注射。

若饲养多只猫咪时

若要饲养多只猫咪时
饲主的用心相当重要

一般认为猫咪是独居的动物，但养在安全的室内，让多只猫咪感情亲密地一同生活的例子也很常见。如果猫咪关系良好，相较于只养一只，饲养多只的优点也较多。

但是，对旧猫而言，来了一只新猫是很大的变化。它会担心自己的立场与地位将变得如何，因此需要花费一些心思，缓解它的压力，让猫咪彼此都能安心地过日子。

饲养多只猫咪的优点

若是饲养多只猫咪，可通过玩耍等活动让猫咪之间产生沟通，感情变得更融洽。也能培养猫咪的社会性，让猫咪彼此相处变得更顺利。

同时也能减轻饲主不在家时的寂寞，饲主也可以放心。

猫咪彼此是否合得来

如果是亲子或兄弟姐妹，就不会有问题。谨慎地花费一些时间，让初次相见的猫咪彼此适应吧。

虽然猫咪的性格也会有影响，但据说不同性别的成猫会比相同性别的成猫组合，以及成猫与幼猫之类年龄有差距的组合更容易适应。

或是在饲养多只猫咪前让它们先见面，观察一段时间看它们能否合得来也是不错的办法。

多只饲养的重点

为了让猫咪们顺利地增进感情，可以特别打造能安心生活的环境，当然，务必要采用凡事让旧猫优先的对待方式。

尊重旧猫

有新猫来的时候，旧猫会因环境的变化而感到压力，抚摸和吃饭都应该让旧猫优先。

打造独立空间

尽可能准备和猫咪数量相同的砂盆和碗，也要独立安排睡床以及可供躲藏的空间，让它们能各自安心地休息。

如果有自己的小窝，就不会打架了哟！

打架时将它们隔开

打架打不停时要把它们拉开，带到不同的房间里。经过一段时间冷静之后，再让双方见面。不要心急，让它们慢慢习惯。

一般认为，合适的饲养数量，最多为“家中房间数+1只”。若养太多只，不但照顾起来辛苦，猫咪们也无法拥有各自的空间，对猫和人来说日子都会很难过。

几天后
打扫超麻烦的啦~
自己的生活如果不打理好，就没办法带男友回家哟！
哎呀！抱歉，我都忘了你没有男朋友。
你自己还不是没有。
呵呵呵
铃铃铃
啊！学长？
呃……当然可以咯，欢迎！
什么啦~
学长现在要过来。
要赶快整理才行！
咔
唠！
啪啪啪啪
爱情的力量啊……
砰
我去接他~
学长
突然来访真是抱歉。猫咪还好吗？
很好哟~
……应该吧
伤痕
累累
对了。这个……
噔噔
BUBU
刻了名字。
布……布布?!
名字刻好了。
真是好名字啊……

快帮布上赶去布戴吧！
咻……
啊哈哈
咔噔
啊！田中太太，午安。
啊呀……
最近老是听到猫叫声，是从你家传来的？
田中太太的家
由香的房间
是是的……
养得好吗你？
哼
是邻居吗？
她好像很讨厌猫……
垃圾
垃圾
喂
不行哟!!
她会驱赶流浪猫，
也会警告喂猫的人。
那要特别小心一点，别惹田中太太生气。
请进~
咔嚓
回来啦~
啊
午安！
这是我妹妹真由。
初……初次见面~

霸气行走
啊
布布~
戴项圈咯——
布布？是名字吗？
笼子做好啦~
嗯
猫砂盆也放在里面咯！
平常都要让它待在笼子里面吗？
不要一直关着它，让它自由出入就好了！
要把猫关进笼子的机会还蛮多的呢！
宠物旅馆
发生灾害要保护时
住院时
我的地盘喵♪
如果不先习惯的话就会讨厌笼子呢！
如果从平常开始就让它习惯，猫咪待在里面也不会感到压力！
你懂得真多啊~
喂……真由！不行哟！
呵
还好啦♡
啊！糟糕！！
摇摆不定

闻地板的味道又转来转去，这是想上厕所的征兆哟！
咦咦?! 怎么办?
转
转
转
这个时候必备抹布！
抹布！
要马上带它到猫砂盆。
拖拖拖拖……
这里是你的厕所哦～
上——吧
咚
闻闻
绕 绕
咔嚓咔嚓……
噢噢——
嘘——
上过一次厕所后就大概记得了。
每天都要清猫砂哦！
谢谢～
叽里呱啦
咚嘭
咔啦
喂！你们家的猫跑到我这里来了！
对……对不起～
看来要教的事多了～
我的妈呀——

1 和猫咪相遇

猫咪的成长过程

要多加留心，并根据猫咪的成长阶段照料

和人类相比，猫咪的成长速度快得多，1岁就是成猫，7岁左右就开始老化。了解猫咪各个成长阶段的特征，以适合该阶段的方式照料，猫咪就能更舒适地生活，并且健康而长寿。

猫的社会化

如果让猫咪在没有戒心的社会化期（出生后2~9周）多方体验，成猫后对事物的恐惧感就会减少，压力也会减轻。在这个时期，如果没有累积足够的经验，攻击性有可能会增加，或性格变得胆小。

在幼猫期多和它接触

从社会化期开始，在幼猫期（到出生后4个月左右为止）多让它和饲主以外的大人、小孩和男女等不同的人接触，就会容易成为亲人的猫。另外，若是想要让它适应猫以外的动物，也要尽量在它还小的时候特别安排互相接触的机会，成猫后应该就没有问题了。

幼猫至成猫的生长过程

即使外表感觉好像没什么不同，但猫咪的身体会随着年龄的变化而变化。可以参阅下表中适合年龄的照料方式及注意事项来饲养猫咪。

	身体及行为的变化	照料方式及注意事项
幼猫（0～4个月）	从出生后4周起开始离乳。睡得较多，醒来的时候会和兄弟姐妹玩闹嬉戏。慢慢会对周围的事物萌生好奇心。	每天都要测量体重。如果体重没有增加，就有可能出现异常。要特别留意腹泻及呕吐、摔落等意外。注射第一剂疫苗（P.24）。
青年猫（4～11个月）	出生后4个月时，体重会达到1.5～2公斤。6个月左右恒齿就会长齐。公猫、母猫都是在6～9个月达到性成熟。	如果不想让猫咪生殖，就要在发情行为及喷尿行为（P.76）开始出现之前结扎（P.140）。这时的猫咪正调皮，要小心不要让它误食、受伤。
成猫（1～7岁）	出生后1岁，身体就会发育成熟，活动量会增加，直到大约3岁为止。5岁之后步入中年期，运动能力也会下降。	结扎后体重容易增加，必须注意，应该让猫咪充分运动，并增加和猫咪的沟通。每年的健康检查（P.165）不可少。
高龄猫（7岁以上）	不再贪玩好动，喜欢过着沉稳的日子。活动量减少。睡眠时间增加，并出现老化现象（P.180）。	体力衰退，容易生病，因此要注意身体状况及行为的变化，也要较年轻时更勤于做检查。

打造居住环境

为猫咪打造一个舒适的生活环境

现在国内外和动物有关的法律（动物保护法），大都建议将猫饲养在室内。相较于危险的户外，生活在室内对猫咪来说优点较多，也更为安全。

若是养在室内的话，猫咪的生活空间就仅限于室内，所以为爱猫打造一个能充分运动、安心休息的生活空间就变得非常重要。

让猫咪外出的风险

若是让猫咪随意到户外去，有可能会遇到交通意外，或因和野猫争夺地盘而受伤。另外，感染传染病的概率也会大增，也有可能沾染上跳蚤或壁虱，因此平均寿命也会比完全养在室内的猫咪短。

让猫咪安心的场所

猫咪的习性是躲在暗处以确保安全，因此若是躲藏在安静而狭小的藏身处，就会感到安心。所以不妨把猫咪的睡床、笼子或提笼放在房间里，让猫咪舒适地休息吧。

稻秆编成的猫屋
也很舒适呢～喵！

潜藏于室内的危险

即使处在比户外安全的室内，还是有对猫咪来说十分危险的物品存在。可以借由事先的预防对策，保护猫咪远离各种意外及伤害。

保护电线

在电线上加装市售的保护软管，避免猫咪因啃咬电线而触电。

挡住家具的缝隙

喜欢狭小空间的猫咪，如果钻进缝隙却出不来的话很危险。最好事先用板子挡住猫咪可能会钻入的家具缝隙。

小心储水

把水放光或加盖，以免猫咪掉进浴缸及洗衣机。同样也要小心别让猫咪掉进马桶。

避免猫咪接近电器及火源

避免猫咪接近暖炉、熨斗和厨房的燃气灶等，以免被毛及胡须烧焦，或令猫咪烫伤。

猫咪有时也会打翻装有热水或菜肴的餐具。不只是厨房，客厅等处也要时时注意，避免烫伤或意外发生。

关于笼子

笼子可以为猫咪带来放松感，也能成为保护它们自身安全的遮蔽物。应该让猫咪尽早习惯使用与进出。

笼子的选购方法

高度足够，架有平台，可供猫咪上下运动的最好。

笼子的摆放地点

如果放置于较少人出入的安静地点，猫咪也能平心静气地待在里面。

猫砂盆的摆放地点

排泄时的猫咪毫无防备，因此若是在会被看到或吵闹的地点，就会给猫咪造成心理压力，从而影响到生理。所以最好是设置于能安心排泄的地点。

放置于安静且令人安心的地点

可以放置于盥洗室、卫生间、寝室及走廊等安静的地点。

猫咪的嗅觉相当敏锐，不喜欢吃饭时闻到厕所的味道。另外，单从卫生方面来看，也建议将猫砂盆和吃饭的空间隔开2米以上。

打造能够运动的房间

运动不足也是导致猫咪感到压力及肥胖的原因。可以特别设计能够跳跃或跳上高处的环境，让猫咪即使在室内也能充分运动。

打造上下运动的踏足点

在墙上装设可供猫咪走动的层板，或把家具摆放出高低落差。放置猫跳台也很有效。

缓和落地时的冲击

猫咪虽然可以从高处安然跃下，但落地时的冲击多少会造成身体的负担，因此可以在它经常跃下的地点铺上地毯。

不要摆放危险物品

在猫咪可能会跳上跳下的地点，尽量不要摆放容易破损的物品，以防猫咪受伤或发生碰撞的意外。

饮食及猫砂盆

选择适合饲主及猫咪风格的猫粮及猫砂

只要教过猫咪吃饭和上厕所的地方，大致上就不会有太大的问题，猫咪会自行在该处吃饭及排泄。

但是，人类的疏忽或照顾不周，也会引起猫咪吃饭或上厕所的问题。建议饲主根据猫咪的喜好及性格，打造洁净而舒适的饮食及如厕环境。由于这是每天都要处理的事，因此考虑打理的难易程度及产品价格，选择使用的品牌也很重要。

猫砂盆的臭味对策

猫咪很爱干净，因此若是猫砂盆太脏，就会造成它在其他地点大小便的问题。

· 勤劳打扫

每天至少处理一次排泄物。每个月清洗猫砂盆一次，并晾干杀菌。

· 替换猫砂

每周至少换一次新的猫砂。只要留下少许之前使用的砂，猫咪就不会忘记上厕所的地方。

· 通风

保持良好的空气流通，使味道不会闷骚难闻。

若是要更换猫粮或猫砂时

猫咪讨厌环境的变化，所以猫粮或猫砂的突然改变，也有可能会使爱猫食不下咽或不再排泄。因此，要更换新品时，可以在原本使用的物品中，一点一点地混入新的，再慢慢调高比例。

喂食猫粮的方法与重点

要将猫咪养得健健康康，就要根据猫咪的性格和习性，为它规划适当的饮食环境。

如果太轻可能会打翻。

碗盆的选择方法

建议使用容易清洗、不易刮伤的不锈钢碗及陶瓷碗等，并选用不易碰到胡须，不会过深的碗，让猫咪容易进食。

像波斯猫之类脸部扁平的猫咪，建议使用底部圆而浅的容器，较易于进食。

规律且注意卫生

喂食的次数、时间及分量都要有规律。如果把猫粮放着不处理，会导致猫咪延长进食的时间，也相当不卫生。如果爱猫不吃就收起来吧。

根据进食时的习性喂食

为了不被抢食，猫咪有将食物搬到安全地点进食的习性，所以有时也会吃得到处都是。可以在猫咪能够安心进食的房间角落，布置用餐的地点，并使用较宽的碗盘。

猫砂的种类

建议多尝试几种猫砂，可根据价格、容易清洁的程度及猫咪的喜好等来加以选择。

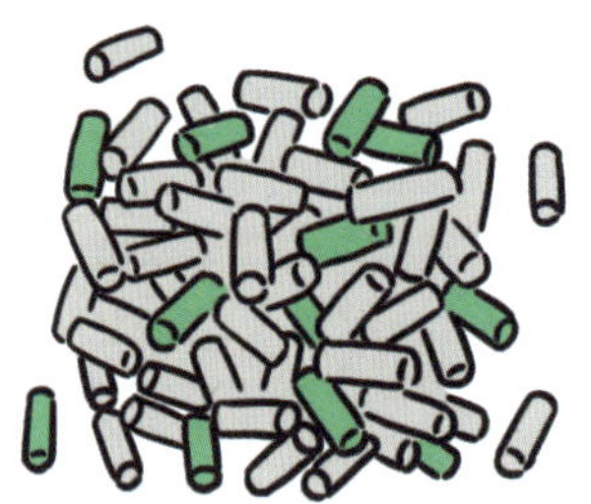

矿物砂

以天然的矿物为原料，除臭力强、不易飞散等是它的优点，也有清洗后可重复利用的种类，但有些砂质会产生粉尘。

木屑砂

吸收力强，会散发木头的清香，除臭、抗菌效果佳。若是重复使用会碎成粉状，也有可能不易凝结。

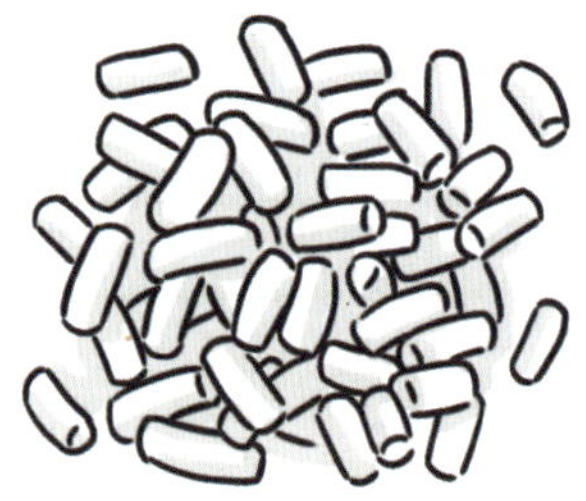

纸砂

尿液容易吸收结块，清洁很方便，也有些具有芳香及除臭效果。重量较轻，因此容易四散，也容易粘在猫咪脚上。

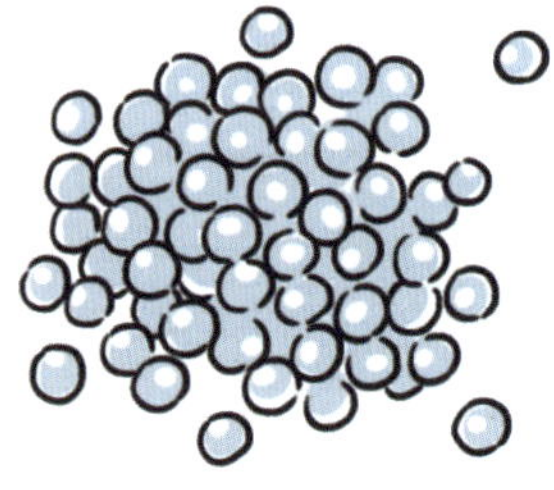

水晶砂

大多会搭配尿垫使用，可吸收水分和臭味，除臭力佳。但是属于不可燃垃圾，因此处理上比较麻烦。

猫砂的处理分为可燃及不可燃、可倒入马桶及不可倒入马桶等类型，使用前记得要查看标识。依地区不同，丢弃方式也不同，因此务必要做确认。

猫砂盆的种类

可以参考功能性、生活形态，以及猫咪的喜好进行选购。

开放式猫砂盆

这种砂盆猫咪容易进出，但猫砂比较容易四处飞散，必须注意。

带盖猫砂盆

盖子可以防止味道及猫砂飞散，也可以当成遮蔽物，猫咪也会比较安心使用。

双层猫砂盆

上层放砂、下层放尿垫。尿垫可以吸收尿液和臭味。

如果猫咪不肯在猫砂盆中大小便

猫咪随地大小便一定有其原因。可以从猫咪的样子和状况来判断，同时对环境进行重新检视及改善。

是否感到有压力？

因为有客人来访所以不敢走到猫砂盆，或接触的时间不够造成爱猫心理上的压力。

猫砂盆是否有问题？

只要有脏污、不好用或是地点不适合，猫咪就会不喜欢。也要记得不要突然改变猫砂盆的位置。

是否有生病的可能？

有可能因为身体不舒服而无法使用猫砂盆。如果排泄物或猫咪的样子有异常，就要立刻送医。

避免逃跑给附近邻居带来麻烦

为了守护猫咪的安全
必须对周遭环境多费心思

有许多猫咪即使是在室内养大的，也会不断想要到外面去，尤其是出过门的猫咪，即使只有一次，都会想要趁机溜走。然而，如果在充斥着危险的户外遭逢意外或是迷路就糟了，也有可能猫咪会给附近邻居带来麻烦。除了要制定防止猫咪逃跑的对策，也别忘了要跟附近邻居保持良好关系。

如遇猫咪走失的情况

养在室内的猫咪即使在自家附近也很容易迷路，因此要赶快找回来。

·在住处附近寻找

可以带着提笼，先找找看有没有躲在住处附近。

·联络相关单位

询问住处附近的警察局、动物保护中心、卫生所及动物医院是否有收容。

·张贴告示或通过网络寻找

在人流较大的地方张贴寻找告示，或在网络上请大家提供线索协助寻找。

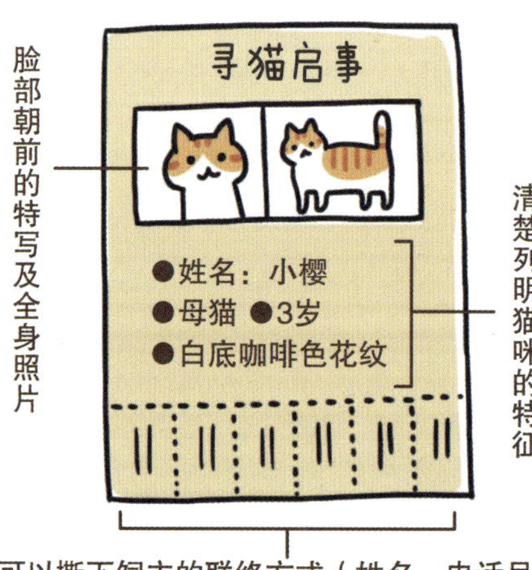

告示的重点

书写的重点就在于要清楚标示出爱猫的性别、年龄、身上的花纹及颜色等特征。

名牌和芯片

帮猫咪戴上名牌和植入芯片，可以提高找到猫咪的概率。

名牌

将写有猫咪名字以及饲主联络方式的名牌挂在项圈上。要选用即使被水沾湿，字也不会消失，且无法轻易取下的坚固材质。

芯片虽然有不易脱落的优点，却需要专用仪器才能读取；而名牌不用机器就能得到饲主信息，因此建议两者都使用。

什么是芯片？

芯片是输入了猫咪个体辨识号码的电子仪器。猫咪走失或是发生灾害时，可以经由仪器扫描查到饲主的信息，可以使用一辈子。

关于芯片的植入

由兽医注射植入猫咪脖子后方等处。在猫咪出生后4周左右就可以植入，费用（包含芯片植入及数据注册费）约为300元人民币。

在日本，是由AIPO（动物ID普及推进会）进行芯片的数据管理。

逃跑的预防对策

猫咪会看准饲主的疏忽而溜走。为了避免猫咪逃跑，可以先行把猫咪可能钻出的缝隙堵住，确实地阻挡。

栅栏或是纱网要选用猫咪无法通过的大小。

窗户的阻挡

也有些猫咪会用前脚开窗，因此除了上锁之外，还有装设纱网、用伸缩杆制作栅栏，以及在纱门加装阻挡器等对策。

若选用折叠式栅栏，开关会较顺畅且方便。

大门的阻挡

可以装设高度上让猫咪无法爬上或跳过的栅栏。开关大门时用包包等物品挡住脚边，不让猫咪出去。

阳台的阻挡

猫咪也有可能从阳台的栅栏，或防火墙的狭小缝隙中钻出，可以用板子、空心砖、网子等加以阻挡。

阳台会有摔落的危险。如果无法完全阻挡好，那就别让猫咪去阳台吧！

与邻居的应对

要尽量避免给邻居带来麻烦。开始养猫时或搬家的时候一定要打声招呼，以免造成他人困扰。

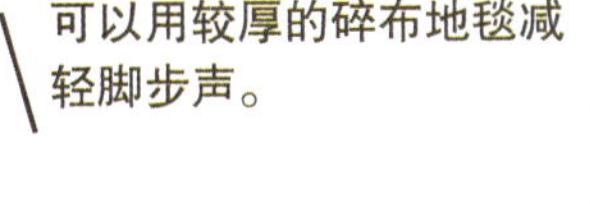

叫声、噪声

为了预防发情期的叫声，可以施行结扎手术（P.140）。脚步声有可能会传到楼下，因此要注意玩耍的时间。

臭味

排泄物的处理要依从当地的规定，勤加打扫，并紧紧包好，不让臭味外泄。严禁将猫砂盆放在室外。

掉毛

梳毛后的打扫必须彻底，以避免猫咪掉落的毛飞散至邻居家。也不要把毛掸落在外面。

第2章 和猫咪一起生活

不经意的姿势和行为里，

有猫咪传达出来的许多信号。

请认真接收解读，让感情升温吧！

老家
布布在笼子里睡得很好哟！
看来已经习惯了呢！
有人来的时候，带它到笼子里再上锁，它也不会不安逃跑。
布布看起来也很舒适呢！！
太好了！
咦？那个伤口是？
布布
我杀
我想跟它玩的时候被抓的……
别碰我喵！
雷欧和小桃好像也很讨厌我……
快逃！她在看这边了！！
匆匆忙忙……
咿啊
瞄……
嗒嗒嗒嗒嗒
我就这么不受猫咪喜爱吗~可能上辈子是狗什么的吧！
碰不到的距离
才不是哩！是你做了猫咪不喜欢的事啦！
才没有！
我爱猫！
我明明就这么爱猫！！
可是……

大声吵闹
超可爱的！
啊啊
啊
紧跟在后
等我~
别过来
从背后拼命抚摸
抓到了！
软绵绵~
住手啊喵
毛茸茸好好摸
全都是不妥的行为。
猫咪喜欢稳重的人……
我只是想疼爱它嘛……
呵呵……
所以男生也吓跑咯！
啥？
可恶！气死我了！
嗯？
轻轻地……
摸摸
喵呜~
果然……
超可爱！！
摸摸摸
焦躁
唰
摸过头了喵
啊呀呀

2 和猫咪一起生活

姐~这样不行哟！
差点没命！
尾巴用力拍打地板时，就是不要惹它的信号。
哼——
砰
砰
啊！布布也常这样。
咪呜
猫咪间有很多不同的相处模式哟！
咦？瞬间变得好温柔……
舔舔
伸出舌头
·为自己的幼崽或年纪比自己小的猫咪理毛
·即使长成成猫还是会搓揉（P.59）
·对饲主撒娇
呼噜呼噜
母猫
幼猫
家猫
野猫
倒
·露出肚子休息
·跟饲主讨东西吃
·兴奋地走来走去
·玩耍时伸爪或咬人
·吼叫
情绪高昂！！
配合猫咪的模式相处是很重要的哦！
现在是母猫模式。
这样啊
我应该是在布布处于野猫模式的时候想要跟它玩。
还有，如果用手跟它玩，它就会养成抓人或咬人的习惯。
我咬
痛

建议使用固定玩具跟它玩！
锵——
噢噢噢～
最近有各式各样的玩具。
老鼠布偶
羽毛逗猫棒
铃铛球
※要小心别让猫咪误食玩具哦！
哇
咻
快！
慢……
在速度上做出变化
好好玩呀喵～
先用布遮住露出来再缩回来
兴奋
在移动方式上花费一些心思，猫咪就会很开心哟！
上下移动
啪
摇摇
哦！
什么嘛！你们还真单纯哪。
来呀～
姐姐还不是很单纯……
猫咪终究只是猫咪啊～哦呵呵呵～
来呀

2 和猫咪一起生活

对待猫咪的方式

对待猫咪时，要理解并顺从它们的习性，不能强迫

猫咪基本上总是阴晴不定。想要撒娇时会自己靠过来，不希望别人理它时，就连摸它都不喜欢。理解这种习性再跟它相处，就能获得良好的沟通。可以在猫咪感到舒适时，一面观察反应一面和它接触，让感情升温。

如果想要让猫咪喜欢你

掌握以下重点，拉近和猫咪之间的距离吧！

- 配合猫咪的步调和心情。
- 移近视线，给它安心感。
- 以沉稳且柔和的声音说话。
- 以缓慢的动作对待，避免让它受到惊吓。

在猫咪的视线范围内蹲下，和它眼神交会。

猫咪讨厌的行为

- 发出巨大声响或吵闹

猫的听觉是人类的三倍以上，因此它们对巨大声响及噪声难以忍受。和猫咪说话时声调必须平缓。

- 紧跟在后或穷追不舍

如果在不希望别人理它时，还一直缠着它，或是躲起来的时候硬是被拉出来，猫咪都会觉得很害怕。如果猫咪没有显露出感兴趣的样子，就不要碰它吧！

- 做出无法预测的行为

从背后突然摸它等突如其来的举动会吓到猫咪，也是造成猫咪心理压力的因素。

搂抱方式的重点

只有在猫咪自己靠过来的时候，才能轻柔地抱抱它。如果把不愿被抱的猫咪，从背后由两腋间箍住，它就会因为印象不好而变得讨厌搂抱。

正确的搂抱方式

牢牢包覆住臀部

以包覆臀部、腰部及背部的方式温柔地抱住。要牢牢抱住，让猫咪感到安稳、安心。

错误的搂抱方式

将手伸入两腋间抱起

抓住前脚

会造成肩部和前脚关节的负担。不稳定的姿势会让猫咪激烈挣扎，饲主也可能因此受伤。

捏住脖子背侧抓起

母猫在搬运幼猫时会咬住脖子后方，但是对成猫来说，将全身的重量都放在同一个地方，会对猫咪身体造成负担。

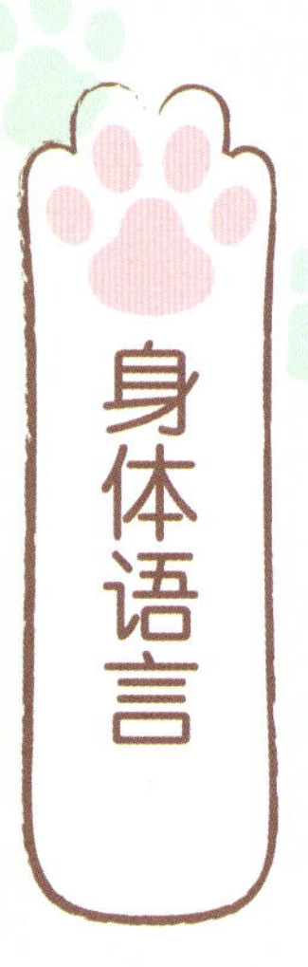

从脸部和尾巴的变化来感觉猫咪的情绪吧！

猫咪不会说话，取而代之会以眼、耳、胡须和尾巴的动作等表达感情。若是没有察觉这些情绪，而伸手触碰正在生气的猫咪，有可能会受到攻击而使彼此关系变差。

懂得如何观察猫咪身体所要表达的信号，感觉猫咪的情绪变化再和它相处，这一点相当重要。

以轻碰鼻子打招呼

遇到新朋友时，猫咪会彼此凑上鼻子闻闻味道，确认对方。初次见面必须从味道获取对手的强弱，以及是否合得来等信息，之后地位较低的猫咪会让对方闻自己肛门的味道，关系就此确立。

以叫声及尾巴回应

呼唤猫咪的名字时，以“喵呜”响应，就代表是处于想和饲主撒娇的幼猫模式中。背对饲主，只用尾巴啪嗒啪嗒地摆动时则是母猫模式，它的情绪等同于对幼猫回答“我听到咯”。

眼睛的状态

明亮时瞳孔会变细，昏暗时则会扩大，也会因心情而改变。

兴致盎然、惊讶

处于发现猎物的情况下，瞳孔会扩张，眼睛会瞪大。

安心、平静

瞳孔位置大约位于中央。眯起眼睛也是安心的征兆（P.65）。

心情不好、有攻击性

以锐利的眼神凝视对方时，瞳孔会眯成细线。

胡须的摆动

平时自然垂下的胡须，也会随着情绪摆动。

兴致盎然

将等同于传感器的胡须向前倾，便是在收集信息；也可能会突然向后拉。

惊讶、害怕

感到惊讶、害怕时，肌肉会紧张，胡须会朝向后方。

恐惧

恐惧感更为强烈时，胡须会突然转为向后拉的状态。

耳朵的状态

基本上会朝向前方，但越是感觉害怕就越倒垂。

兴致盎然

直直朝向前方，倏地立起，观察感兴趣的对象。

警戒、害怕

朝向两侧或转向后方时，代表它正感到焦躁不安。

恐惧

感觉到危险时会倒垂耳朵加以保护，让身体看起来小一点。

全身的动作

人看了不明所以的行为，对猫咪而言都有它的理由。

舔舐咬过的地方

这并不是在反省它咬了你，而是想尝尝看猎物味道的行为。有可能会发展成咬人的习惯，必须注意。

在猫粮碗的周围扒土

由于猫咪有将不需要的东西埋进砂里的习性，因此是出于“我现在不吃，所以先埋起来”的想法而扒土。

尾巴、臀部的动作

即使表情满不在乎，尾巴和臀部也会诚实地表达出情感。

想要撒娇

对于感觉如母猫般亲密的对象，会倏地立起尾巴。

不要过来

弯成倒U字形。面对敌人时有威吓的意味。

放松

舒服而心情不错的时候，会缓缓地大幅度摆动。

兴致盎然

发现似乎很有趣的事物时，会微微颤动尾巴的前端。

攻击

准备要飞扑猎物时，会压低身体，摆动尾巴。

焦躁

左右啪嗒啪嗒地迅速摆动，代表这时它的心情正差。

威吓、惊讶

面对敌人及恐惧时，会将毛倒竖使其膨胀，让自己看起来比较巨大。

恐惧

将尾巴移近身体，让身体缩小是恐惧的表现。

不要攻击我

将尾巴夹在后脚间，表示准备躲避攻击。

信号❶ 开心与想要撒娇

对显现出亲密情感的信号要善加回应，建立彼此的信赖关系

猫咪在开心或想和饲主撒娇的时候，会做出像是幼猫对母猫撒娇的举动，例如讨抱抱或是跳到大腿上。这些信号就是猫咪对你感到亲密的证据。你可以轻轻爱抚它，充分表达对它的疼爱，就能加深和猫咪之间的感情。

开心的信号

原本是向母猫传达满足感的信号哟！

呼噜呼噜

喉咙发出呼噜呼噜的声响，是具有安心感、满足感，以及放松的表现，想撒娇或是有所求的时候就会发出。

不舒服或紧张时也有可能会发出呼噜呼噜声。

舔舐、轻咬

这个亲密的信号是幼猫喝奶时的举动，也有可能因为有所求而咬人。或许有可能会发展成咬人的习惯，所以若是无理的要求请忽略（P.80）。

想撒娇的信号

磨蹭

在身上磨蹭，沾上自己的味道是在主张这是自己的地盘，表达想要独占的情绪。

搓揉、踩踏

用前脚对饲主的身体或毛毯交互踩踏、吸吮布料，是幼猫在吸吮母猫乳汁时的动作。

在幼猫时期很早就离开母猫的猫咪，经常会出现这样的举动。踩踏中的猫咪怀有如同幼猫的情绪，因此可以多多疼爱它。

竖起尾巴露出臀部

幼猫时期，母猫会舔舐幼猫的臀部以刺激排泄，猫咪对这样的举动难以忘怀，会以此表达对饲主的信任及喜悦。

信号❷ 愤怒与压力

注意猫咪所显露出的危险及压力信号

猫咪感到危险时，会用威吓的姿势面对对方。此时若是伸出手，即使是饲主也可能会遭受攻击。试着去除使它愤怒或害怕的因素，让猫咪冷静下来吧。

另外，猫咪的压力会显露在日常的行为和举动上，若是置之不理也有可能会影响猫咪健康。因此，若是发现压力的征兆，可以寻找原因加以改善。

愤怒的信号

倒竖体毛（攻击）

倒竖体毛、露出耳朵后方并垂下尾巴，这是己方较为有利时可以看到的强势攻击姿势。

让身体看起来较大（威吓）

面对敌人及恐惧时，会将全身的毛倒竖，让尾巴胀得又大又蓬，抬高腰部让身体看起来较大。

压力的信号

过度理毛

清洁（理毛）是猫咪的日常工作，但过度地舔舐同一个部位，则是压力过大的信号，也有可能导致掉毛。

咬人、飞扑

原本十分乖巧的猫咪，突然开始咬人或飞扑，是不满的表现。

乱大小便

突然开始在猫砂盆以外的地方尿尿，其中一个可能的原因就是压力，必须找出原因并加以改善（P.76）。

跑来跑去

在活动时间外跑来跑去，来回奔跑，无法安静地待在同一个地方，也有可能是因为累积了一些压力。

信号❸ 害怕与不安

用理毛等动作来缓和不安

猫咪感觉到害怕、不安或紧张时，会采取防御的姿势，或能让心情平和的“转移行为”。如果不了解这些举动的意义，以不符合猫咪情绪的方式和它相处，也有可能会让猫咪的压力逐渐累积。可以从猫咪的举动和状况察觉它的情绪，去除造成压力的因素，让它找回安心及安稳的感觉。

害怕的信号

让身体看起来较小

压低身体趴下来，并把尾巴夹在后脚之间，是准备趁机逃跑的信号。

压低上半身，抬高下半身

虽然它正把毛倒竖威吓敌人，但如果垂下耳朵，上半身向后退，则代表内心相当害怕。

不安的信号

挨骂时打哈欠，
是为了舒缓紧张。

睁着眼睛打哈欠

想睡觉时会闭着眼睛打哈欠，但若是睁着眼睛对周围警戒时打哈欠，则是为了要缓解不安。

舔舐身体

理毛也有安定情绪、舒缓紧张的效果，在紧急状态下会舔舐身体就是这个原因。

焦虑或是
感觉到压
力时，也会
舔鼻子。

磨爪

这是在稳定不安的情绪及兴奋感，消除压力。也有人认为这是转换心情的“转移行为”。

信号④ 放松与央求

从休息姿势就能得知猫咪的安心程度

相较于野猫，饲养于室内的猫咪面临的危险较少，因此会摆出毫无防范而放松的姿势或有所要求。但若是一直任它予取予求，它有可能会要求更多，所以仅在必要时响应它的央求即可。

也有些猫会放松地坐得像个大叔。

央求的信号

身体扭来扭去

在饲主面前仰躺，身体扭来扭去、左右滚动，是邀你跟它玩的信号。

用猫拳等方式催促

平常会用猫拳轻拍或呜叫要求喂食。但是，如果在用餐以外的时间喂食，就会养成猫咪在那个时间催促食物的习惯，必须避免。

放松的信号

香盒坐姿、睡觉时脚底不碰到地板

心想“就算不能瞬间站起来也无所谓”的时候，就会把脚缩进身体里，摆出香盒坐姿，或脚底不碰地板，伸出来睡觉。

猫会因气温而改变睡姿。天气热时会像上方的插图那样，把身体伸展开来散热；冷的时候就会像右图一样蜷缩成圆圆的，以防寒姿势睡觉。

露出肚子

露出肚子这个要害，是代表安心且完全信任的信号。

当抚摸头和背时露出肚子，则是要你“不要再摸了”的意思，必须注意。

出神地眯起眼睛

一面和饲主四目相交，一面闭上眼睛是安心及满足的证明。相反地，对于不认识或不熟悉的人就会移开视线。

游戏方式与玩具

幼猫可以学习，成猫可以运动 对猫咪来说游戏是非常重要的

猫咪玩耍的行为并不仅仅是娱乐。这对幼猫来说是狩猎等社会化学习，对成猫来说则可以解决运动不足的问题。另外，对于幼猫及成猫都可以消除压力及刺激心理层面。

然而，游戏时也有可能施展出无法预料的力道或动作，导致受伤或是误食等意外。所以请一面注意安全一面和猫咪游戏，加深彼此的感情吧。

满足狩猎本能

属于狩猎型动物的猫咪，即使养在室内还是拥有狩猎的本能。如果不加以满足，就可能会累积压力、行为失控并攻击人。

要满足它狩猎的本能，可以模仿鸟类或小动物的动作跟它玩，让它纾解压力。

玩具的种类

猫咪的玩具从最常见的逗猫棒和球，到会发出声音的物体等种类繁多。最近有猫咪专用，设计成可以踢着玩的“猫草踢踢枕”，以及把光照射在墙壁或地上的“激光笔”，都很受欢迎。

游戏方式的重点

选用大小不至于误食的玩具，游戏时视线不要离开猫咪，以免猫咪受伤或发生意外。

以短期集中的形态游戏

游戏时间以每次10分钟、1天2次以上为标准。如果时间太长，猫咪会厌倦且疲累。

不要勉强抢夺

猫咪抓住玩具或用嘴巴咬住的时候，如果伸手有可能会被攻击。有时也可能会弄伤猫咪的牙齿或爪子，必须小心。

在有足够空间的地方玩

当猫咪沉迷于游戏中时，会做出意料之外的动作。可以在游戏时先空出宽广的空间，让猫咪即使跳跃也不会有危险。

简单的自制玩具

如果有符合宝贝爱猫喜好的自制玩具，玩耍的时候也会更加开心。

滚滚球

在布的边缘缝上平针，里面放进棉花和猫薄荷，拉紧线头后打结。里面也可以放入铃铛。

棉花

猫薄荷

把铃铛和猫薄荷包在面纸中，再用手帕包裹，马上就变身为球了！

要牢牢粘好，以免猫咪抓下来哦~

逗猫棒

用胶带将棉线粘在卫生筷上，在筷子前端绑上羽毛、老鼠玩具、铃铛等。

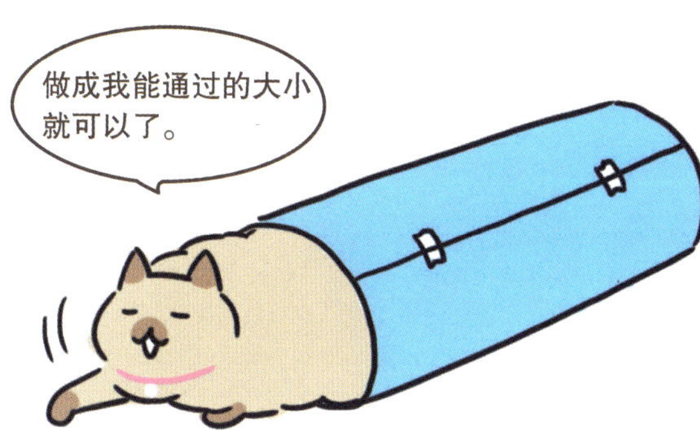

在隧道入口挂上球之类的
玩具也会玩得很开心。

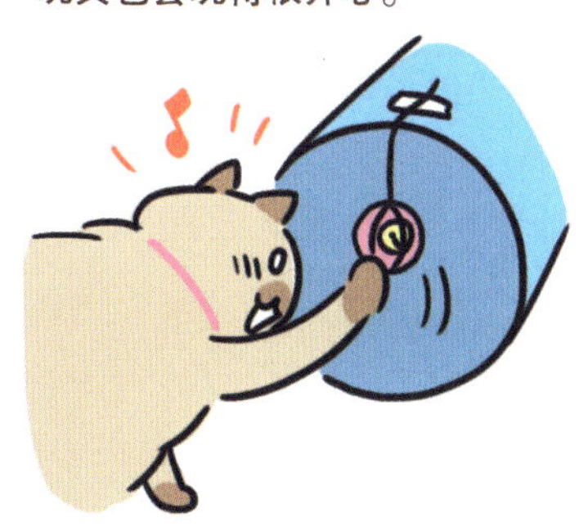

圆圈隧道

把厚纸板弯成筒状之后用胶带固定即可。猫咪很喜欢隧道，会立刻钻进去玩。

洞洞箱

用美工刀或剪刀在纸箱上割出猫咪可以通过或可以伸出爪子的洞。也可以让猫咪在箱子里休息。

布布会钻进纸袋里玩哟！
猫咪都很喜欢狭小的地方呢~
姐姐也很习惯猫咪了呢！
是啊。
咔嚓
布布我回来了~
笨重
……
呜哇
啊——
啪哩啪哩啪哩
喂！不可以！
你才不可以哩！
咦？为什么……
嗯？
哔
它不是为了捣蛋才磨爪的哟！

猫咪磨爪是有意义的。
·让旧的趾甲剥落.
会断成2片之后脱落
·抑制兴奋.
我要冷静!!
嘎哩
嘎哩
·标示地盘.
嘎哩嘎哩
这是我的地方
另外，这动作也有想对喜爱的饲主做记号的意思哟！
那对我做吧！
学长?!
来吧
这是猫咪的习性，所以不能骂它哟！
对不起哦，布布。
嗯呼
在国外，猫咪的趾甲套也颇受欢迎，不过……
用黏合剂粘住
好可爱~
拿下来的时候可能会把原来的趾甲弄下来，猫咪也有可能不小心吃掉……
好可怕！
咦！
虽然可爱，还是得小心哪！

可是……这样下去……
破破
烂烂
颤抖
放心！
只要打造出可以磨爪的区域就好了。
重点有2个哟！
1 观察它会在哪里磨爪
我喜欢这边~
咔哩咔哩
地毯
2 将磨爪用品放在那里
之后就用这个磨爪吧
好~
地毯材质的猫抓板
布布最常在这边磨爪……
嘎哩嘎哩
它喜欢站着磨呀！
它是在较高的位置留下爪子的痕迹，宣告势力范围。
我看起来很强吧！

那就在这里放瓦楞纸看看。
将两三张叠在一起就可以了。
好~
要抓这个哟~
闻闻
啪哩啪哩
触感好好
太好了~
这样家具就不会伤痕累累了。
材质也有很多种，可以多做尝试，从中找出猫咪喜欢的。
地毯
麻绳
瓦楞纸
呼噜呼噜
布布最爱的地方可能是那里哦！
你真可爱~
呼噜呼噜呼噜
我也想要呼噜呼噜……

猫咪磨爪是出自于本能
要设置能尽情磨爪的地方

磨爪对猫咪来说是不可或缺的行为。但是从饲主的角度来看，却是墙壁或家具会被抓伤的烦恼根源。

这是猫咪的本能，所以不能禁止，可以理解猫咪的习性和喜好，花点心思减少损害。

磨爪用品的类型

先观察爱猫喜欢在哪种类型的物品上磨爪，再对症下药吧。

·喜欢怎样的材质？

例如：若是在地毯上磨爪，就选用布质的磨爪用品。可以多观察猫咪常磨爪的地方，再准备材质与之相似的磨爪用品。

·以怎样的姿势磨爪？

若是站着磨爪，就可以选用靠墙式或抓柱式磨爪板；若是在地上磨爪，就可以选用放置于地面的磨爪用品。

原创的磨爪用品

剪下旧的地毯。

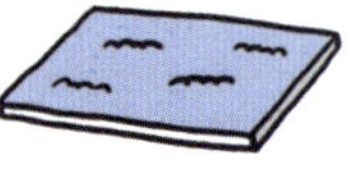

将麻绳缠绕于圆柱或板子上。

重叠瓦楞纸，以胶带固定。

磨爪用品也可以自行在家里简单地制作出来。试试看用麻绳、地毯、瓦楞纸、凉席或条板式木板等做出猫咪喜爱的原创用品吧。

磨爪对策

将具有稳定感，且大小足以让猫咪伸展身体的物品，放置在显眼的地方是一大重点。

让猫咪习惯磨爪用品

猫咪对磨爪用品有所警戒或不使用时，可以撒上木天蓼粉，让猫咪感兴趣。

多放置几种，确认猫咪的喜好

一开始可以在房间四处摆放各种类型的磨爪用品，了解猫咪喜好。

先挡住，预防磨爪

在不希望猫咪磨爪的地方，用保护垫或塑料板等物品覆盖，或是喷洒上猫咪讨厌的味道也很有效。

先寻找原因，进行结扎手术并以遮挡、除臭的方式处理

“喷尿”指的是猫咪在房间里到处尿尿，大多以性成熟的公猫为主，母猫也会喷尿。和一般小便的不同之处在于，猫咪会以竖起尾巴的姿势，将少量尿液喷射至高处。

进行结扎手术

喷尿有诸多原因，其中一个可能是迎接发情期，达到性成熟或主张自己的势力范围。通过结扎手术，在某种程度上可加以抑制，但若是已经学会喷尿，那么即使动手术后，也有可能因为已经养成习惯而无法改变。

在较高的位置喷尿，可以展现自己的高大。

改掉喷尿习惯

也有可能是因为压力所导致的不安而喷尿。可以试着参考右侧项目找出原因，帮爱猫化解压力。

猫咪的压力检视

- □经常自己在家，无人照料。
- □来访的客人多。
- □猫砂盆太脏。
- □猫砂盆的位置或猫砂改变。
- □房间的样子不同或搬家。
- □家庭成员改变。
- □有合不来的猫咪。
- □住处附近有其他猫咪。

喷尿对策

为了不让猫咪重复这种行为，可以采取适当对策。

用猫咪趋避喷剂防护

把猫咪讨厌的味道喷在家具等物品上，让猫咪不愿意靠近。

用猫咪讨厌的材质覆盖

盖上塑料袋或锡箔纸等加以防护。

不让猫咪靠近

在喷尿的地点摆放层架等物体，让猫咪无法靠近来加以防护。若是在家具上喷尿，可以将该家具移至猫咪无法进入的房间。

清扫的方法

喷尿后要立即清扫，如果留下味道就会造成猫咪重复喷尿。

❶用干布擦拭

把水分擦干。

❷喷洒酒精

以酒精杀菌、除臭后干擦。

若是地毯的话可以撒上小苏打粉，放置一晚后再用吸尘器吸净。

问题3 捣蛋

制造猫咪讨厌的状况 减少恶作剧的发生

从箱子里翻出面巾纸、打翻盆栽等，猫咪做出这些捣蛋行为时，并不知道这些行为是不好的。若是严厉指责怒骂，反而可能会让猫咪对饲主产生负面情绪，而不愿意跟饲主接近。

为了让猫咪和饲主能够愉快地生活，在家中建立规则，不让猫咪有“捣蛋也没关系”的认知相当重要。

要维持规则的一贯性

如果对于自己做的事，有人会骂有人却不会，或是昨天和今天有不同的对策等等，不同人或不同时候而有不同的规则，就会让猫咪觉得混乱：“到底要怎么做才对？”维持规则的一贯性，和猫咪相处吧。

猫咪的转移行为

责骂猫咪时，它有时会做出理毛或磨爪等举动。这是为了舒缓紧张或不安，让情绪平静下来的转移行为，可以帮助猫咪因为挨骂而激动的情绪平静下来。

捣蛋时的对策

可以让猫咪认为“如果捣蛋就会发生讨厌的事”，逐渐减少猫咪的捣蛋行为。准备要捣蛋时跟它玩，转移它的注意力也很有效。

当场责骂

要在捣蛋的瞬间当场大声而短促地斥责“不行！”如果过了一段时间后或是地方不同，那么就算骂它也不会有效果。

责骂猫咪前，要先审视平时的信任关系，若是受到不信任的人责骂，猫咪的恐惧感会日渐增加，令关系变得恶劣。

责骂前的预防

把易碎品和不希望猫咪碰触的东西放到猫咪碰不到的地方。用猫咪讨厌的双面胶，围出不希望猫咪进入的范围也很有效。

从后方偷偷喷水，不要让猫咪发现是饲主做的。

杜绝体罚！

打骂容易让猫咪怀有恐惧感及不信任感，也可能会令彼此关系变差。可以尝试用喷水代替体罚，让猫咪知道“如果捣蛋就会弄湿身体”。

问题4 咬人与抓人

在问题行为扩大前 先采取遏止该行为的对策

由于猫咪有狩猎的本能，因此会有咬人或抓人的行为。虽然无法完全遏止，但若是放任不管的话，就会被猫咪咬伤或抓伤，也可能会攻击客人和兽医，造成不必要的伤害。可以在养成习惯之前先加以应对，以免对彼此造成摩擦。

咬人与抓人的对策

为了避免养成习惯，必须让猫咪知道“咬人或抓人不会有好事发生”。

不理它，到其他房间去

若是发出很大的声音吵闹，有时猫咪会误以为“这样做你就会陪它玩”，而使它变本加厉。这时可以忽视猫咪，从它身边走开。

不要让它情绪兴奋

玩耍时也有可能会因为兴奋而伸出指甲。如果猫咪兴奋起来就不要再跟它玩，让它冷静一下。

如果猫咪在你抚摸它或进行护理时咬你，所表达的是“不要再继续了”的压力信号，最好立即停止，换个方式进行。

过早从母亲身边离乳容易萌生不安的感觉

猫咪若是在啃咬、吸吮羊毛制品或塑料袋这些原本不能吃的物品，并将它们吃下肚，便称为“异食”，若成为习惯就是“异食癖”。一般认为，发生的原因是早期离乳，因而没有获得足够的爱，便将羊毛等物品当成乳头，在吸吮的同时将它们吃下去。

异食是可能引发肠阻塞或窒息等的危险行为，因此要特别进行阻止。

异食的对策

要防止异食，彻底管理猫咪身边的环境相当重要，也可以让它只在你的视线范围内玩耍。

藏好造成异食的物品

把猫咪不能吃的物品放在它拿不到的地方，喷上猫咪讨厌的味道也很有效。

羊毛制品、毛巾、塑料袋、塑料制品、毛发及猫砂等，异食的癖好依猫咪的喜好不同而有所不同。

用玩耍消除压力

如果猫咪要把异物放进口中，就先跟它玩耍，令它分心，再悄悄从猫咪身边拿开异物。

为了帮助猫咪消除压力，并补足它所缺乏的爱，可以多陪它玩，灌注满满的爱。

猫咪的习性

我们认为猫咪们的奇妙的举动，都一定有其原因。其中有许多是过去狩猎时所遗留下来的。可以尝试去了解这些习性，再适当地应对。

很喜欢狭小的空间

野生时代的猫咪，会将正好能塞进身体的岩洞等狭小的空间当成睡床，由于这是一种本能，即使到了现在，猫咪依然是只要处于狭窄的地方就比较能平静。

猫咪的礼物

据说猫咪捕捉虫或鸟等生物拿到饲主面前，是母猫喂食小猫，或教导狩猎方式的行为。

如果猫咪带来礼物给你，不要惊慌失措或生气，可以冷静称赞它说声“谢谢”，然后趁猫咪没看到的时候处理掉。

上厕所前后会暴冲

野生的猫咪为了不被其他生物察觉巢穴的所在地，会在远离巢穴的地方排泄。外面危机四伏，因此不论是去或回来，都会以极快的速度进行。上厕所前后会暴冲，就是来自于这个习性。

摊开报纸就会在上面翻滚

这不是在妨碍饲主，而是向默不作声停下不动的饲主提出邀请："如果你没事做就陪我玩嘛"，是希望引起饲主注意的行为。

夜晚的运动会

猫咪原本是夜行性动物，从晚上到天亮前这段时间会狩猎，因为这样的习性，所以猫咪到了晚上就会转换成野猫模式，来回奔跑。

夜晚的运动会若是会造成邻居困扰或妨碍睡眠，可以在就寝前多跟它玩，能量消耗之后猫咪就会平静下来。

这种情况下❶外出时

出门时必须做万全的准备
也要注意猫咪的身体状况

猫咪原本就能独自生活，因此很习惯自己在家。不论是只留下猫咪看家或是托人帮忙照顾，将环境事先万全地打点妥当很重要。另外，若是猫咪讨厌陌生的环境，把猫咪放在旅馆或医院之后，它们的身体状况也有可能会变差，必须小心。

带猫咪出远门时，可以把猫咪放在提笼里，移动时要随时注意它的状况，不要勉强。

只留下猫咪看家

猫咪的生活中，每天平均要睡14个小时，因此即使自己在家也没问题。若不超过两个晚上，饲主也可以外宿。但是，有时猫咪会因饲主长期不在而导致压力或身体不舒服。出门回家后，可以好好地陪猫咪玩。

代为照顾猫咪的对象

若是超过三个晚上不在家，应该将猫咪交托给可以信任的人。记得，一定要确保“注射疫苗”。

・亲友

如果和猫咪是初次相会，可以事先让他们见见面，习惯彼此的存在。

・宠物保姆

可能需要将自家的钥匙交给对方保管，因此要事先确认他的人品是否值得信赖。

・宠物旅馆、动物医院

可以事先确认员工及环境，看看猫咪是否能安心住宿。如果有猫咪专用的空间是最好的。

只留下猫咪看家的准备

准备一个可以避免意外或捣蛋，能够舒适看家的环境吧。如果环境里有平常用的毯子或有饲主味道的物品，猫咪就会感到安心。

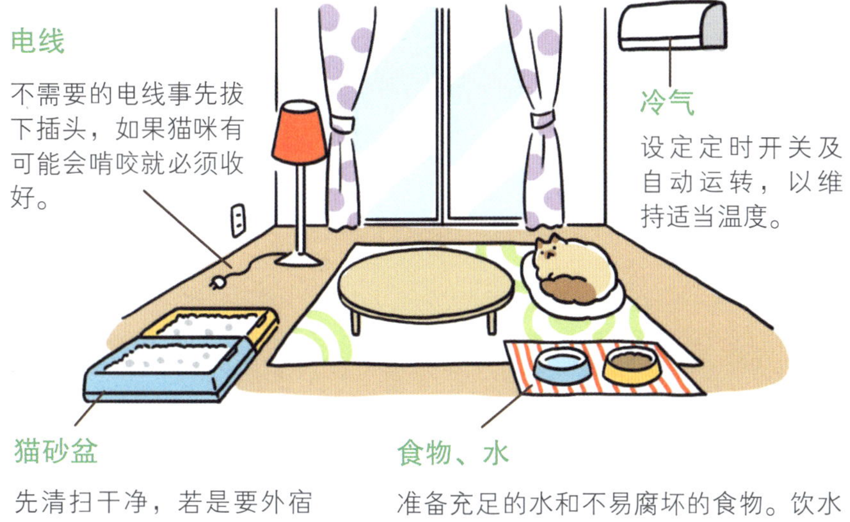

电线

不需要的电线事先拔下插头，如果猫咪有可能会啃咬就必须收好。

冷气

设定定时开关及自动运转，以维持适当温度。

猫砂盆

先清扫干净，若是要外宿就多准备一个备用砂盆。

食物、水

准备充足的水和不易腐坏的食物。饮水最好能多准备几份。

外出时请亲友、宠物保姆代为照顾猫咪的准备

切实做好事前准备，避免给代为照顾猫咪的人造成麻烦。

准备能说明爱猫状况的资料

写明照顾猫咪的方式，以及紧急时的应对方法。

❶饲主的手机号码、住宿地点
❷动物医院的联络方式及位置（也要准备数据表）
❸不舒服时的应付方法
❹放置食物及猫砂的地方
❺喂食的量及次数
❻猫砂盆的清理方式
❼喜欢的游戏方式

也要事先准备好清扫用品，以免弄脏房间。

这种情况下❷ 客人来访时

对猫咪而言，来访的客人是侵犯地盘的入侵者

猫咪会认为“来访的客人＝突然进入自己地盘的入侵者”。它对客人的存在及气味有可能会产生不信任和害怕的情绪。也有在客人的物品上乱大小便的例子，这是消除陌生气味的行为。另外，也可能因为有客人在而不敢使用猫砂盆，造成乱大小便的情况。

可以请客人与猫咪保持适当距离，以缓和猫咪的压力，同时也不会让客人感到不舒服。

客人来访时的对策

可以多加留神，不要勉强猫咪和客人见面，让猫咪能平静度过这段时间。

让猫咪躲起来

让猫咪移动到其他房间，不要让它和客人见面，先关在笼子里也可以。

如果要把猫咪长时间放在一个房间里，也要准备饮水及猫砂盆。

藏好客人的物品

将客人的鞋子、包包、外套等藏到猫咪碰不到的地方，以免猫咪破坏客人的物品。

柜子要选猫咪打不开的哦！

这种情况下③ 发生灾害时

猫咪用的物品也准备妥当以便应对紧急情况

为了防备地震、台风或火灾等灾害，最好事先思考一下与猫咪的应对方法。

先做好准备，能和猫咪一同避难是首选，也别忘了让猫咪戴上名牌或植入芯片，以供失散时可以让人查知它的身份。长期避难会造成猫咪的压力，也可以考虑暂时将猫咪交给亲友或义工照顾。

发生灾害时的对策

日常生活中就要让猫咪提前习惯提笼，这样才能冷静地避难。

准备猫用的逃难包

请准备以下防灾用品，以防必须在避难所生活的情况发生。将食物分装成小包会比较方便。

干粮、水（约3天份）、碗、上厕所的用品（尿布垫、猫砂、猫砂盆等）、提笼、洗衣网、牵绳、猫咪的照片数张（走丢时使用），以及平常使用的毛巾等。

如果猫咪行踪不明

因为有可能被人收容，所以可以向当地的兽医公会、有进行动物救护活动的日本国立宠物管理机构（National Pet Organization，简称NPO）法人及各义工机构做询问。

这种情况下 ④ 家庭成员改变

家庭成员的变化对猫咪也会有影响，可以慢慢消除它的不安

家中增加新成员，或是熟悉的家人不在了，对猫咪来说都是很大的变化，有时也会因为压力而引起乱大小便等问题行为。

家庭成员改变时，尽量多腾出时间跟猫咪接触，进行互动缓和不安，让猫咪慢慢习惯环境的变化非常重要。

家庭成员改变时的对策

共同生活的猫咪对家庭成员的变化也很敏感。可以多关心它，让它不会感觉到压力。

慢慢习惯新成员

在结婚等情况下增加新成员时，不要突然和猫咪见面，可以事先让猫咪闻闻该成员的衣服等物品，让它慢慢习惯。

如果是生小宝宝

家人的注意力如果都集中在小宝宝身上，就会造成猫咪的压力。不要忽略猫咪，要重视和它接触的时间。

猫咪和小宝宝共处一室的时候，大人一定要待在附近，以免发生意外。

这种情况下5 搬家

让猫咪慢慢习惯新环境 将它的压力降到最低

对讨厌环境变化的猫咪来说，搬家是很大的压力。会因为周遭的变化而感到不安，也有可能会开始乱大小便、食欲不振或拉肚子。可以一面观察猫咪的情形，一面隔三岔五就跟它说话，以度过搬家这段时间。记得提供猫床或提笼，预设一个猫咪想躲起来时可以立刻躲藏的空间。

搬家的对策

在新家习惯了一个房间后，再习惯另一个房间，以这样的方式慢慢扩大猫咪的活动范围。

当天把它放进提笼里，避免逃跑。

搬家准备与当天

不要一口气改变环境，打包行李可以慢慢进行。不时跟猫咪说话，缓解不安。

搬家后

将以往所使用的猫砂盆和猫粮碗，以和旧家相同的方式配置，就能缓解猫咪的不安。

第3章　猫咪的日常照护

耳朵、爪子、身体的保养等是必须进行的照护工作，因为这和猫咪的健康息息相关，照护时也能通过接触，加深彼此之间的情谊。

由香的家
布布的毛好温暖哪~
无力招架
不过好像有点臭……
它喜欢洗澡吗?
臊味——
很讨厌……
书上说猫咪会自行理毛，所以不洗澡也没关系。
呼噜呼噜呼噜……
闻闻
但是我总觉得它有点脏呢!
那这次就带到店里请人帮它洗好了!
我开车。
太好了!!
这是约会?是约会吗?!
几天后
请他载我们去医院真的没关系吗?
顺便拜托前辈没问题啦!
不是要带小桃去结扎吗?
可是……
哎哟!这样犹豫不决，就是真由的坏习惯!!
就是这样才交不到男朋友啦!
轰

我才不像
姐姐这么
死皮赖脸
哩!!
什么——
呸
吓
又来了喵
呼啊
你根本
从以前
就……
姐姐才是……
呀啊
够了!
我自己
去!
咚
咔啪
咚
啊
啪
啊呀——
嗒嗒嗒嗒嗒嗒
怎么办!
小桃几乎
没有出过
门哪……
都是我害的……
冷静点!
我们分头
找吧!
拍
帮我——
怎么了?
嗯……好!!

到底跑到哪儿去了？
无精打采
铃铃铃铃
喂！我发现你们家的猫……
我看到名牌……
真的吗?!
CAT CAFE
喵喵
OPEN
呜哇——好棒哦！
好多猫咪
哇——好可爱~
小桃呢……
是它没错吧~
有客人呀喵
喵
欢迎呀喵
谢谢你！
小桃~
我是美容师
啊！好像变干净了……
因为它很脏，顺便帮它洗澡了。
不愧是专家！像我就被抓了……
洗澡前先把趾甲剪掉就好！

建议照这个顺序进行……
1 剪趾甲
剪刀
P.96
2 梳毛
针梳
排梳
P.98
3 洗澡和吹干
P.102
喵~
这样啊~
剪趾甲的时候也要修剪肉球之间的毛，才不会卡进猫砂或灰尘。
可以用迷你剃刀剃毛
洗澡前梳毛可以防止毛堵塞排水沟……
原来如此~
但是它不喜欢洗澡怎么办……
如果勉强猫咪做它讨厌的事，会造成猫咪的压力呢！
好讨厌呀喵~住手~
可能会让身体状况变差。
这时可以采取不用水的洗澡方法。
不要冲洗！
用擦的就好~
用热毛巾擦身体也可以哟！
可以一边注意猫咪的样子一边打理哦！
哦
好

剪趾甲与清耳朵

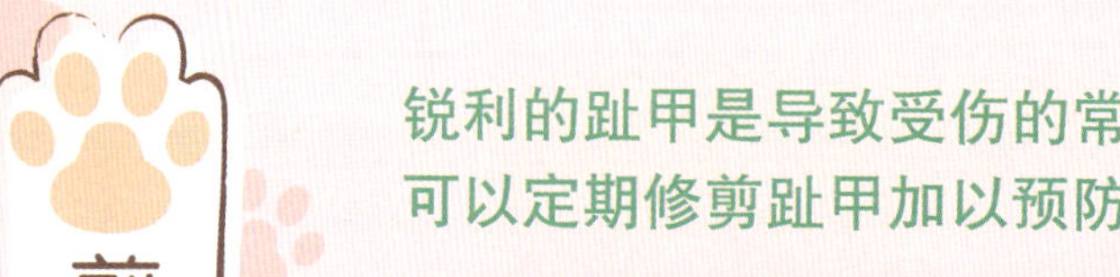

锐利的趾甲是导致受伤的常见原因
可以定期修剪趾甲加以预防

如果猫咪伸爪乱抓，不仅会抓坏墙壁或家具，还有可能折断趾甲，甚至使断甲陷入肉球中。可以定期帮它剪趾甲来预防，同时也能避免人被抓伤。

也要勤劳地清理耳朵，确认耳朵的状态。如此不但能轻易发觉异状，也能早期发现疾病。如果每天都有打理却总是清理不干净，就有可能是外耳炎或中耳炎，应该带去医院检查。

让猫咪习惯剪趾甲

如果猫咪不喜欢，只要把脸和身体先用毛巾包覆住，只露出四肢修剪，就能缓和不安。另外，从幼猫时期就按摩肉球，可以让猫咪习惯让人触摸，就能消除害怕的反应。

速战速决，避免造成猫咪的压力是十分重要的。

各种类型的趾甲刀

可以选择容易使用、可快速剪完趾甲的类型。

· 剪刀式

以切成圆形的刀刃夹住趾甲修剪。使用方式如同一般剪刀，因此非常推荐初学者使用。

剪刀式

· 圆洞式

把趾甲放入圆形的缝里再剪下。上手之后就能迅速完成剪趾甲的工作，也能减少猫咪的压力。

圆洞式

剪趾甲的顺序

频率以每周一次为准，但若是长长了也要适时修剪。

❶抱住猫咪

让猫坐在膝盖上，从后面牢牢抱住。

❷压出趾甲

压下趾头的根部和肉球，将平常收在里面的趾甲压出来。

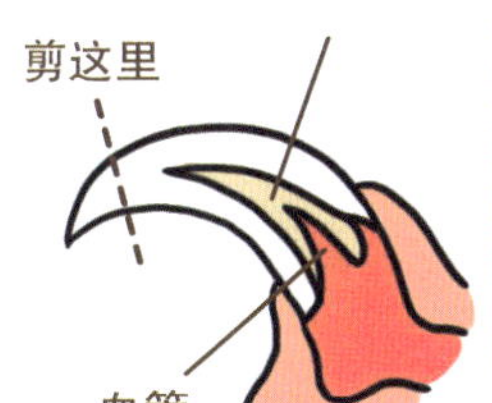

❸修剪趾甲的前端

将趾甲前端2～3毫米的透明部分抵在刀刃上修剪。

清理耳朵的顺序

每周确认一次耳朵的状态，每个月清理一次。

❶固定猫咪的头

以不会让猫咪感到痛苦的力道，用手轻轻固定住猫咪的脖子。

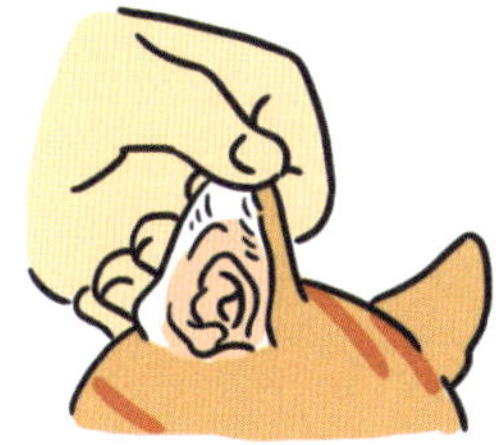

❷检查状态

翻开耳朵，确认是否有异常。黑色颗粒有可能是耳疥虫（P.159）。

❸擦去脏污

用蘸了水的棉花擦拭耳朵内部，再用棉花棒擦去脏污。

耳垢偏向湿黏的猫咪，很容易引起外耳炎，必须小心。

梳毛

定期梳毛可帮助猫咪保持干净且健康的身体

猫咪会把自己粗糙的舌头当作梳子来顺毛，维持身体清洁（理毛）。梳毛可以除去理毛时无法去除的脏污和灰尘，让毛色带有光泽，并有按摩皮肤兼促进血液循环的效果。

从幼猫时期就让它习惯梳子，愿意被人梳毛。

梳毛的功用

·去除脏污和掉毛

减少理毛时猫咪吃进肚子的毛量，避免造成胃的负担或毛球症等疾病。

·不再结出毛球

避免毛发打结，预防毛球问题。

·健康检查

增加触摸猫咪身体的机会，可以发觉毛发和皮肤的异常。

若是让猫咪穿衣服，猫咪就无法自行理毛，可能会造成压力。建议除了疾病的护理之外，不要让猫咪穿衣服。

梳毛用品

·橡胶梳（短毛种）

这种橡胶材质的梳子可以顺毛并梳去掉毛。毛量较少的猫咪可选用细目的梳子。

·圆柄梳或针梳（长毛种）

可以顺毛并梳去掉毛。建议使用不会把毛梳断的圆柄梳做每日的梳理；想要将掉毛彻底梳下则要改用针梳。

·排梳（短、长毛种）

帮助梳开打结的猫毛，并在梳毛完成后方便整理毛发。

梳毛的步骤（短毛种）

以每天一次为基准。从脸开始会让猫咪害怕，因此可以从身体后方开始。先进行按摩（P.108）让猫咪放松后再进行会比较顺利。

事先以顺毛喷剂或水在猫咪上方的空间喷洒，能防止静电或毛发飞舞。

※如果喷太多会潮湿，而导致皮肤炎（P.161），必须小心。

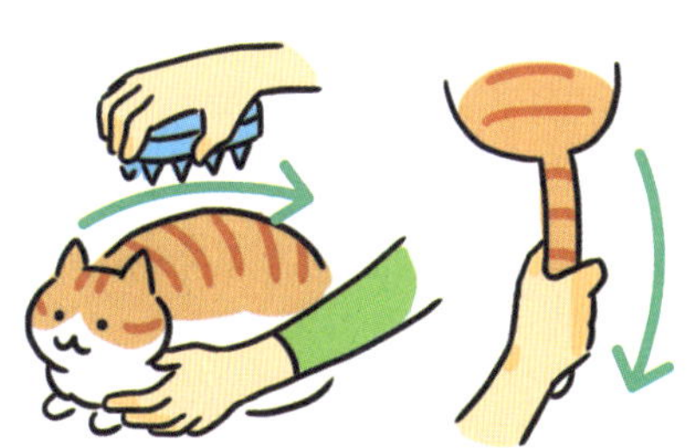

❶背、腰→臀部、尾巴

顺着毛发生长方向，以橡胶梳从背部开始梳下半身的毛。梳尾巴时先将喷剂或水喷在手上，从根部抚摸至前端。

❷从腹部往胸部梳回来

抱着它将胸部的毛往腹部翻过去，再将毛梳回原本的生长方向。也可以同时检查猫咪身上有没有伤口。

❸梳前脚和脸部周围的毛

从中心向外梳毛，避免梳子刺进眼睛。

❹以排梳做最后整理

最后以排梳顺毛便大功告成。

如果是短毛种，也可以采用以手梳理的方式，将喷剂或水喷在手上，从猫咪的背部朝脸部周围抚摸身体，梳下掉毛。

梳毛的步骤（长毛种）

由于毛比较长，容易打结，因此要每天慎重地照料。春秋的换毛季如果能每天梳理数次是最好的。梳毛前后一定要喷水或顺毛喷剂（P.99）。

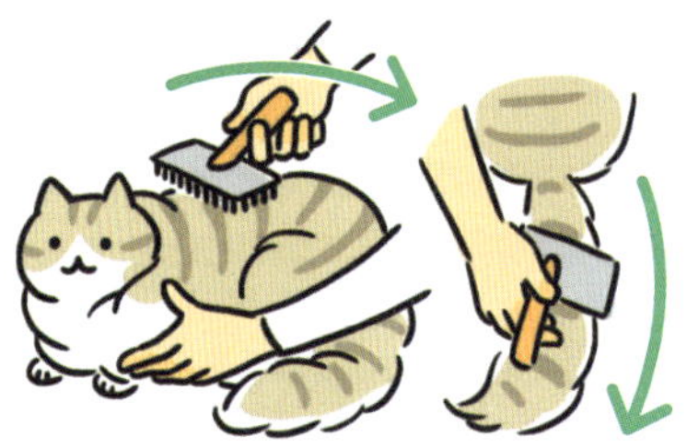

❶背、腰→臀部、尾巴

顺着毛发生长方向，以针梳从背部梳下半身的毛。梳尾巴时则从根部至前端，将毛梳开。

❷从大腿内侧、腹部往胸部梳过去

抱着它梳大腿内侧的毛。将胸部的毛往腹部翻过去，梳毛时将毛梳回原本的生长方向。猫咪讨厌的腹部和大腿内侧要尽快完成。

❸梳腋下的毛

将前脚抬起梳毛。这里容易毛发打结，因此要谨慎梳理。

❹从下巴梳胸部的毛

抬高下巴，由上至下梳理容易打结的内侧。

❺梳脸部周围的毛

顺着毛发生长方向梳理，避免梳子刺进眼睛。脸的中心部分则以排梳梳理。

❻以排梳做最后整理

同时确认是否还有毛球打结处，谨慎梳理。

关于毛球问题

长毛种容易毛发打结。若是变得太大，硬成毡状，可能会对猫咪造成伤害。所以要在梳毛时加以检查并护理。

容易毛发打结的部位

猫咪抓痒、移动、摩擦身体时，就会产生静电，导致毛发打结。

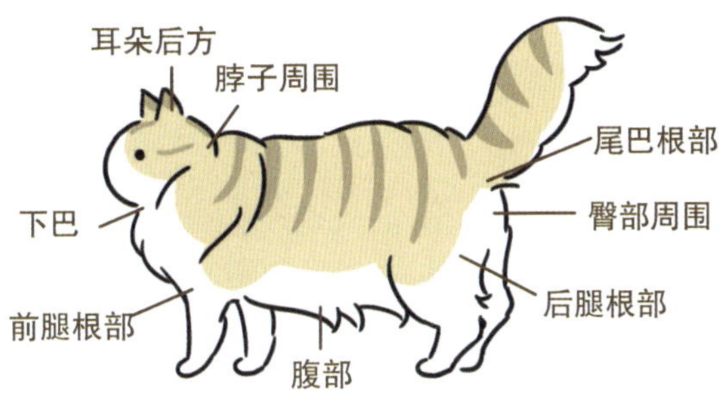

各种问题的根源

若是毛发打结，皮肤就会受到拉扯，是造成发炎和皮肤炎的原因（P.161）。也有可能会因为疼痛而不喜欢让人碰触。

去除毛球的方法

用单手压住毛发根部，以排梳从毛发前端一点一点地梳开。如果打结得太厉害，就用迷你剃刀等工具剪掉（若是不容易处理，可以向医院或美容师咨询）。

最好请美容师进行的护理

外行人难以处理的护理，可以请值得信任的美容师帮忙。

- 夏天剃毛
（为了让猫咪在夏天过得舒适，必须将毛剃短至3～5毫米。）
- 防止毛发打结的部分修剪
- 脚部周围的毛发修剪
- 剪趾甲
- 洗澡
- 梳毛等

为了避免粪便沾到长毛种的毛上，部分修剪也是个好方法。

如果修剪时猫咪奋力挣扎，或许需要使用麻醉。如果在意，可以事先向医院和美容师确认。

洗澡

随时注意猫咪的身体状况
尽快完成洗澡的工作

洗澡可以洗去身上的脏污和跳蚤，维持被毛美观。大部分的猫咪都很怕水，可以先从脚浸到热水中开始，让猫咪慢慢习惯，缓和恐惧感。吹干时要记得翻毛让内层的毛干燥，同时确认皮肤的状态和是否有伤口。

洗澡前检查

洗澡前先做以下确认：

· 猫咪的身体状况

确认排泄物是否异常，没有食欲或活力时避免洗澡。

· 猫咪的趾甲

为了防止受伤，要先行剪过趾甲。

· 梳毛

事先梳理被毛，梳掉纠结的毛再洗澡能事半功倍。

· 准备洗澡用品

为了缩短时间，要事先准备好洗澡用品，并让室内保持适当温度。

准备洗澡用品

· 洗毛剂

选择猫咪专用、无香料、成分天然的用品。尚未结扎的公猫尾巴根部容易蓄积皮脂，形成“马尾”(注)，使用专用洗毛剂也很有效。

· 海绵

讨厌洗澡的猫咪以及细腻的脸部周围，可以用海绵吸水清洗。

· 吹风机

安静且可以调节风量为佳。

注：stud tail。皮脂腺位于尾巴的分泌物累积造成尾巴毛发失去光泽、结成硬块。所有猫咪都可能会有这种疾病，但最常出现在尚未结扎的公猫身上。

洗澡的步骤

以短毛种3个月一次、长毛种每个月一次为基准。但若是会造成猫咪的压力就不要勉强，可以用其他方法照护。

❶用温水将身体淋湿

依照脚→背部→头的顺序，浇上近似于人体体温的35℃～37℃的温水。

❷清洗下半身

将洗毛剂搓出泡沫，从腰开始清洗腹部、后脚、臀部和尾巴。

❸清洗上半身

依次清洗背部、前脚、胸部。若是长毛种，别忘了要搓揉毛发。

❹清洗脸部周围

清洗脖子下方及脸部周围，小心洗毛剂不要弄到猫咪眼睛里，以及手指不要戳到猫咪眼睛。

❺刷洗全身

依照脸→臀部的顺序刷洗。把脚抬高，不要有漏洗的部位。

❻吹干后再梳毛

用毛巾擦干，用吹风机吹干后再梳毛。

如果猫咪讨厌吹风机，可以用毛巾擦干后，再留在温暖的室内自然干燥，或是放进笼子里，再从外面和缓地以吹风机吹干（注意不要让笼子太热）。

刷牙与清理眼睛

需要每日特别照护以防止牙齿和眼睛的疾病

牙齿和眼睛平时很容易忘记照护，若是置之不理，很容易引起牙周病和结膜炎等疾病。猫咪无法自行照料的部分，就要由饲主多加照顾。用特别设计来做口腔照护的干猫粮预防牙结石也是一种方法。

以刷牙预防牙周病

牙周病是猫咪容易罹患的疾病之一。若是对牙垢置之不理，就会形成牙结石，也可能会造成牙龈发炎而必须拔牙。猫咪不能装假牙，因此会对消化和健康产生不良的影响。借由刷牙预防才是正确方法，若是有牙结石，可以请兽医帮忙洗去。

检查眼睛的症状

如果有异物入眼而引起过敏反应，就会产生眼屎和流眼泪。此外，泪痕也有可能会使猫毛变色。若是发现脏污要马上护理，发现异常就要立即带去医院。

刷牙的步骤

以每周一次为基准。先按摩脸部（P.109）使猫咪放松之后再进行会比较顺利。习惯后也可以用猫咪专用的牙刷刷洗。

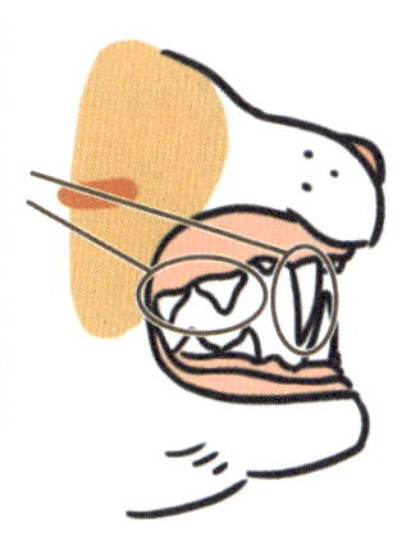

❶检查口腔内部

检查牙龈、牙垢、牙结石及口臭，确认是否异常。

❷以纱布刷洗

把纱布缠绕在手指上，以水蘸湿后从臼齿依序刷洗。

❸刷洗犬齿和门牙

容易有牙垢附着的犬齿要好好刷洗，门牙也要刷。

眼睛的护理步骤

要预防眼部疾病，就要每日进行护理。使用棉布等柔软的布料加以护理，以避免伤到眼睛。

❶擦拭眼头

用蘸水的棉布抵住眼头，朝下方擦拭。

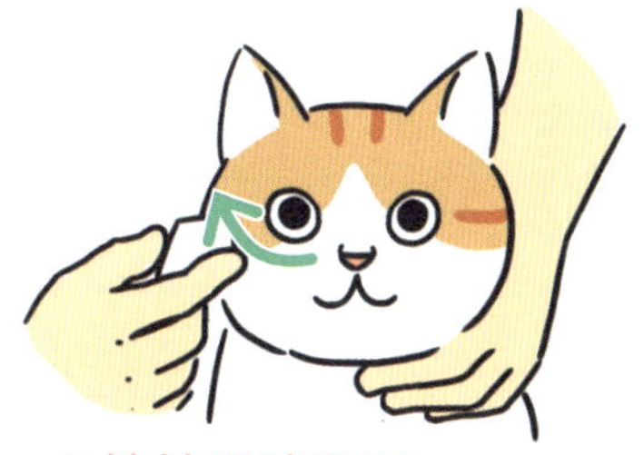

❷擦拭眼睛周围

用棉布将眼睛周围仔细擦拭。

带有黄色或黄绿色的黏性眼屎，有可能是疾病所致，要赶紧带去医院检查。

跳蚤与壁虱的处理

借由勤劳的打扫及照护防止跳蚤、壁虱的入侵

外部寄生虫如跳蚤、壁虱等，会因其他猫或受污染的环境而染上，并引起瘙痒及皮肤炎等问题，也有可能会转移到人身上，因此必须保持室内及猫咪的清洁，彻底驱除。

跳蚤的发现方法与治疗方法

	发现方法	治疗方法
附在猫咪身上的猫蚤会在猫咪的身体上产卵，以惊人的速度繁殖。	以除蚤梳梳理被毛等处，确认是否有黑色的小颗粒，这些黑色小颗粒即为跳蚤的粪便。	市售的除蚤药中添加了杀虫剂或农药成分，有时会引起猫咪不停地流口水的副作用，因此务必要请兽医开立处方。

壁虱的发现方法与治疗方法

	发现方法	治疗方法
主要附着于猫咪的耳朵、脸和身体，还有耳疥虫易发于免疫力较差的幼猫身上，必须小心。	确认耳朵里是否有黑色耳垢（疥虫的粪便及尸体）、脸部周围是否有异常，以及身上是否有皮屑或湿疹。	按照壁虱的种类不同，治疗方法也有所差异，不要依自己的判断使用市售药物，可以请兽医开立驱虫药物。

跳蚤与壁虱的处理重点

跳蚤与壁虱喜爱高温高湿的环境，尤其是梅雨至夏季会旺盛地繁殖，因此必须采取充分对策。

经常打扫

吸尘器的灰尘中，可能会有存活的跳蚤、壁虱和卵，因此可以滴入杀虫的药剂，尽早处理。

猫咪所使用的毛巾、玩偶、靠垫都要清洗。

甩一甩衣物再进入家中

人类的衣物也有可能附着跳蚤及壁虱，并带进室内。可以在外面甩一甩衣物再进入家中。

对猫咪仔细照护

除了平时梳毛之外，可以用除蚤梳梳遍各个部位，确认没有跳蚤寄生。

跳蚤很容易附着于猫咪碰不到的尾巴根部哟！

使用水烟式杀虫剂

可以借由具杀虫效果的水烟式杀虫剂，一次性消灭跳蚤及壁虱，驱虫后要仔细清扫。

让猫咪感到舒服的按摩技巧

猫咪放松时，可以轻柔抚摸它会感到舒服的部位，或是它将身体朝向你，希望你抚摸的位置，借此加深彼此的感情。

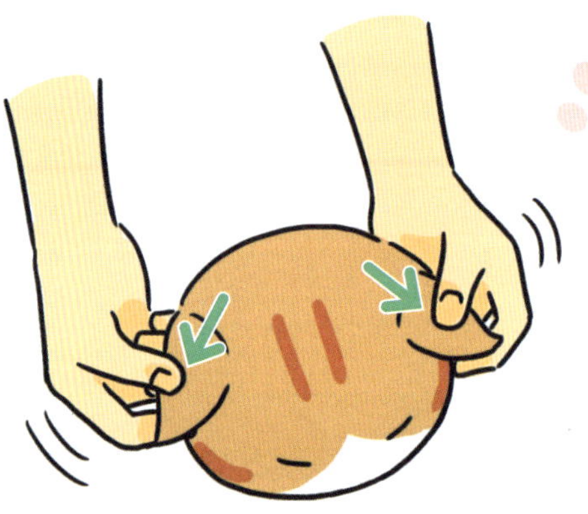

朝向耳朵前端，轻柔地抚摸。

耳朵

这里是猫咪无法清理，且受到抚摸会很舒服的部位。用大拇指和食指，以搓揉耳朵的方式按摩，耳背则以抓挠的方式抚摸。

下巴

下巴下方有会感到瘙痒的臭腺。猫咪自己不太能好好抓挠，因此如果看起来很痒，可以稍微大力一点帮它抓痒。

如果它自动把下巴伸长，可以用指腹帮它抚摸。

脸部周围

脸部是猫咪在幼猫时期，母猫经常舔舐的部位。可以顺着毛发生长的方向帮它轻柔地抚摸。

脖子

脖子后方也有臭腺，有时会感到刺痒，可以稍微大力一点帮它抓痒。

背部

可以顺着毛发的生长方向和骨骼位置缓缓地帮它抚摸。将手弯成梳子状抚摸也很不错。

吃饭、理毛或是专注于玩耍时，猫咪不喜欢有人触碰，请避免在这些时候抚摸。

第4章 猫咪的饮食

身体健康的基础来自饮食，

可以配合猫咪的成长及身体状况，

喂食营养满分的食物。

松软
好棒哦！软绵绵的。
之后在家里也要梳毛才不会毛发打结。
是请猫咪咖啡店的加藤帮忙打理的。
针梳
好软哦！
用它觉得舒服的方式抚摸很不错哟！
不过……
那边是不是有点肉肉的呀……
肥
呼噜呼噜
不过我好像也没资格说布布。
老家
高贵优雅
布布好像真的有点胖。
嗨
嗨
猫咪的肥胖程度用卷尺就能量出来哟！
怎么量？

肥胖检视表（❶和❷相交会的部分就是猫咪的体脂肪率）

偏瘦　标准　肥胖

❶腰围（厘米） \ ❷脚长（厘米）	10	11	12	13	14	15	16	17	18	19	20	21	22	23	24	25
60	68	66	65	63	62	60	58	57	55	54	52	51	49	47	46	44
58	65	63	62	60	59	57	55	54	52	51	49	47	46	44	43	41
56	62	60	59	57	55	54	52	51	49	48	46	44	43	41	40	38
54	59	57	56	54	52	51	49	48	46	44	43	41	40	38	37	35
52	56	54	52	51	49	48	46	45	43	41	40	38	37	35	33	32
50	53	51	49	48	46	45	43	41	40	38	37	35	34	32	30	29
48	49	48	46	45	43	42	40	38	37	35	34	32	30	29	27	26
46	46	45	43	42	40	38	37	35	34	32	31	29	27	26	24	23
44	43	42	40	39	37	35	34	32	31	29	27	26	24	23	21	20
42	40	39	37	35	34	32	31	29	28	26	24	23	21	20	18	17
40	37	36	34	32	31	29	28	26	24	23	21	20	18	17	15	13
38	34	32	31	29	28	26	25	23	21	20	18	17	15	14	12	10
36	31	29	28	26	25	23	21	20	18	17	15	14	12	10	9	7
34	28	26	25	23	22	20	18	17	15	14	12	11	9	7	6	4
32	25	23	22	20	18	17	15	14	12	11	9	7	6	4	3	1
30	22	20	19	17	15	14	12	11	9	8	6	4	3	1	—	—
28	19	17	15	14	12	11	9	8	6	4	3	1	—	—	—	—
26	16	14	12	11	9	8	6	5	3	1	—	—	—	—	—	—
24	12	11	9	8	6	5	3	1	—	—	—	—	—	—	—	—
22	9	8	6	5	3	2	—	—	—	—	—	—	—	—	—	—
20	6	5	3	2	—	—	—	—	—	—	—	—	—	—	—	—

肥胖检视表 参考：PREDICTION THE BODY COMPOSITION OF CATS；DEVELOPMENT OF A ZOOMETRIC MEASUREMENT FOR ESTIMATION OF PERCENTAGE BODY FAT IN CATS. A Hawthorne, RF Butterwick, Waltham Centre for Pet Nutrition,Waltham-on-the-Wolds,Leicestershire,UK.

也有很多客人为猫咪肥胖的问题而烦恼呢！
真的啊！
如果太胖，也会比较容易罹患这些疾病。
容易罹患的疾病
· 尿结石（P.155）
· 皮肤炎（P.161）
· 糖尿病（P.162）
· 关节炎（P.163）
· 腹泻
· 便秘
好可怕噢。
在手术或治疗时都会造成猫咪的负担。
相较于标准体型的猫，麻醉的量也会更多。
我不要啦～
喵
肥胖的原因之一是以目测的分量喂食猫粮。
吃吧～
咔沙
喵呜～
一直都是这么做
吓！
只要有就吃是肥胖的根源。
不可以顺从猫咪要求喂食。
我要吃饭
我要吃饭
猫咪不太知道自己吃了多少分量。

也有些人会喂食人类的食物……
吃吧~
喵呜~
含有盐分，对猫咪的身体不好哦！
利箭穿心
柴鱼片也是造成尿结石的原因之一。
柴鱼
是吗?!
布布最爱吃……
虽然说想要宠爱它，但如果对猫咪有害的话，还是不要喂比较好吧！
我知道了!!
那就从今天开始减少猫粮，让它们运动！
减肥
如果只是减少猫粮，也有可能会因为营养不足使毛发失去光泽……
减肥
那到底该怎么做……
给猫咪喂食热量低、营养价值高的猫粮就没问题了。
和兽医商量也不错。
减肥用猫粮
姐姐要不要也减肥啊?
多管闲事！
捏

猫咪不可或缺的营养

给予营养均衡的食物以及新鲜的饮用水

若是希望爱猫健康长寿，营养均衡的饮食生活非常重要。可以掌握猫咪饮食的基本原则，配合成长及身体状况正确喂食。

另外，补充水分也很重要。原本生活在沙漠的猫咪没有什么喝水的习惯，但水分不够很容易引起尿道结石症及膀胱炎，请务必用心打造出让猫咪能够喝下充足水分的环境。

饮水的重点

注意提高猫咪喝水的意愿。

· 给予常温的水

刚从水龙头流出来的水有时会过冷，必须小心。（注1）

· 选用胡须不会碰到的碗

猫咪不喜欢胡须碰到碗，因此可以准备较宽的碗。

· 针对氯臭做处理

猫咪的嗅觉相当敏锐，有可能会讨厌自来水中的氯臭。可以将水和炭放入塑料瓶中，去除味道之后再给猫咪饮用。

饮水的给予方式

饮水不能只放在一个地方。如果在房间到处都放水，就能增加猫咪喝水的次数。另外，人类喝的矿泉水中镁和钙的含量太高，因此不能喂猫咪喝。如果要喂市售的水，请选择猫咪专用的。（注2）

如果是循环式饮水器，猫咪就会对新鲜且流动的水感到有兴趣而饮用。

注1：日本从水龙头流出来的水是可以直接饮用的，在我国，必须煮沸过后才能给猫咪饮用。

注2：目前中国还没有卖猫咪专用的水。

猫咪所需的营养素

猫咪原本就是肉食性动物，需要的蛋白质高于人和狗。先行了解对猫咪而言十分重要的营养素，悉心地喂食，避免摄取过量非常重要。

五大营养素	作用
蛋白质	能制造血液、内脏、肌肉和被毛，转化成能量。喂食含有牛磺酸的食物非常重要，因为猫咪体内无法生成这项元素。牛磺酸不足也有导致失明或心肌症（P.163）的危险。
脂肪	可以转化成能量，所必需的脂肪酸中也具有提升免疫功能的作用。如果摄取过量会引起肥胖和各种疾病，必须小心。
碳水化合物	由糖质和纤维质所构成，糖质也是能量的来源之一，对于维持肠道健康也很有效。
维生素	通过食物让猫咪摄取它们体内无法生成的维生素A、B_1、E非常重要。维生素A可以让皮肤、黏膜维持正常；维生素E则对预防黄脂症颇有功效。
矿物质	形成骨头和牙齿的钙和磷、制造红血球的铁质及镁都不可或缺。但若是摄取过量会导致尿结石（P.155）。

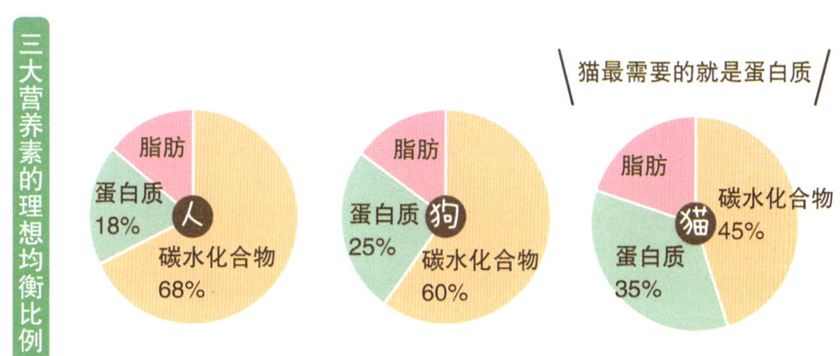

猫和狗所需的营养素和均衡比例并不相同，如果喂猫咪吃狗粮，便无法摄取所需的营养，容易引起各种健康问题。

应随成长改变饮食

给予成长所需的营养
养出健康长寿的猫咪

猫咪的生命阶段分为成长期（幼猫）、维持期（成猫）和高龄期（高龄猫）。如果喂食不符合该阶段的食物，就可能造成营养不足或肥胖。因此要根据成长期来喂食适当的食物。

各种配方食品

照顾猫咪身体的猫粮各式各样，有帮助排出毛球的“化毛配方”、不易产生牙结石的“洁牙配方”，以及低热量的“减重配方”等等。也有饮食疗法的“处方食品”，可以配合猫咪的身体状况选择。

处方食物要先带去医院，接受诊断后再喂食。

- 下泌尿道疾病
- 肾脏处方
- 肝脏处方
- 心脏处方
- 易腹泻
- 食物过敏
- 糖尿病

以猫草帮助吐毛

猫咪为了将理毛时吃下肚的毛球吐出来，而有吃草的习性。可以喂食燕麦这类禾本科的猫草，以免猫咪误食有毒植物。

如果呕吐会造成负担，可以喂食化毛配方的食物，让毛排泄出来。

依成长期调整饮食方式

根据猫咪的年龄、运动量及身体状况，所需的营养素会有所差异，因此可以配合成长改变食物、喂食次数及分量。也可以喂食预防疾病的食物。

成长期（幼猫：0～1岁）

由于正在成长，对于蛋白质、脂肪、矿物质的需求量都大于成猫。至出生后4个月为止，每天要喂食3~4次，之后每天分成两次喂食。

幼猫的消化吸收能力尚未成熟，因此可以少量分次喂食容易消化的食物。出生后0～8周之间要喂食猫咪专用的奶粉或离乳食品（P.147）。

维持期（成猫：1～7岁）

这个时期的饮食生活，对猫咪的健康会带来很大的影响，每天两次，喂食营养均衡的成猫食物。

高龄期（高龄猫：7岁以上）

运动量减少，因此若是喂食成猫食物会造成肥胖。请每天两次喂食富含维生素E、维生素C、牛磺酸及食物纤维且低热量的食物。

如果因为齿槽脓漏而难以进食坚硬的食物，可以喂食较软的食物。

食物的种类与选择方式

配合猫咪的成长阶段选择适当的食物

维持猫咪健康的基础就是食物。除了干粮、湿粮之外，还有胶质及汤状食物等，种类繁多，可以配合猫咪的年龄和体质喂食。记得食物在开封后要好好保存，保持卫生。

基本的综合营养食品

最好选用综合营养食品当作每天的主食，同时给予新鲜的水，就能摄取维持健康所需的均衡营养。市面上有推出依照年龄、成长阶段及功能而不同的种类，因此可选购适合猫咪成长和体质的猫粮。

减少挑食行为

经常吃湿粮，有可能会让猫咪变得挑嘴，产生不再吃湿粮以外食物的挑食行为。另外，若是因生病等因素而需改变食物，相较于湿粮，习惯干粮的猫咪比较不会挑食，也比较能适应食物的变化。

选择食物的检查重点

可以确认包装的标识，作为选购食物的参考。

食物的种类

主食应选购有标示“综合营养食品”的品项。其他还有点心用的“零食”和“营养补充食品”，以及用于食物疗法的“处方食”等。

保存期限

指的是在未开封保存的情况下，能保证其营养价值的期间。尽可能选择距离期限还有1个月以上且较新鲜的食物。

内容量、喂食方法

随着时间流逝，油脂成分会劣化，因此可以参考每天的喂食量，购买1个月内能吃完的量。

适宜年龄、功能

要配合成长阶段，调整热量及营养素。可以选择符合年龄，且具有猫咪所需的配方功能的猫粮。

原料标识、营养成分表

原料的使用量会依多寡顺序排列，因此最好能选择将肉类、鱼类这些猫咪最需要的蛋白质来源列为主要成分的猫粮。

若是分成小包装保存，香味也比较浓郁，可以在新鲜的状态下喂食。

食物的种类和特征

可以依据个别的特征和价钱选购，或是配合猫咪的身体状况来搭配喂食。

	特征	注意事项	水分含量
干粮	酥脆的固体食物，混合了肉类及谷物等原料，营养十分均衡。开封后也不易腐败，便于保存，较湿粮便宜。	含水量低，一定要尽量帮爱猫补充水分。	约10%
半湿粮	有湿润的触感，风味佳，适口性高。为了保留水分，会进行保湿处理，较为柔软，因此幼猫和高龄猫也很容易食用。	开封后会因水分蒸发而干燥，因此须密封保存。	25%~35%
湿粮	风味佳、适口性高。高蛋白且高脂肪，食用少量就能摄取到高热量，适合吃得少或食欲较差的猫咪。可同时从食物中补充水分。	若不开封的话可以长期保存，但开封后就会开始氧化腐败。	约75%

另外还有胶质及汤状等种类。身体状况差的时候，若是喂食高热量、平时不常吃、味道太重的食物，身体状况可能会更加恶化，必须小心。

食物的保存方法

开封后的食物如果没有适当保存，质量就会变差。要注意避免让猫咪食用变质的食物而影响健康。

放入密封容器里

开封后可以放入夹链袋或有盖的密封容器里。即使猫咪碰了也不会掉出来，对于维持干燥也很有效。

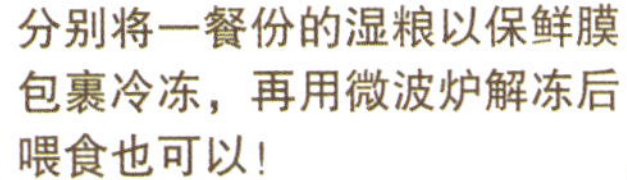

保存时避免高温高湿

干粮要存放在阳光无法直射的阴凉处。如果放在冰箱里保存会导致霉菌产生。湿粮开封后可以置于冰箱保存至隔日。

放在猫咪拿不到的地方

保存在猫咪拿不到的柜子等地方，以免猫咪发现后会捣乱或偷吃。

按规律的时间喂食适当分量的食物

即使选择了营养均衡的食物，若是喂食方式错误，还是会引起肥胖或疾病。可以在喂食方式及吃饭的环境上花费一些心思，让爱猫能充分摄取所需营养。

另外，没有食欲的时候一定要找出原因，或许能够早日发现口腔附近的问题与病变，或因感冒而鼻塞、闻不到味道等猫咪不舒服的征兆。

要防止猫咪吃太快

如果原本是流浪猫，或是多只饲养的情况下，猫咪有可能会为了不让食物被抢走而吃很快。吃太快对消化不好，也有可能会吃太多而肥胖或呕吐。不要一次给予该给的分量，而是分成数次少量喂食，让猫咪逐渐改掉进食太快的习惯。

将吃饭地点移动至房间的角落等较安静的地方，也十分有效。

多只饲养必须让猫咪分别使用不同的碗

多只饲养时，最好尽可能准备和猫咪数量相同的碗。如果以同一个碗一并喂食，就无法给予配合猫咪年龄和体质的食物。另外，也无法得知每一只猫咪所吃的量，难以检视健康状态。

如果发生抢食的情况，可以将碗分开摆放，或在笼子里喂食。

喂食时的基本原则

遵守基本原则，最好一面观察猫咪的情况和身体状况，一面调整分量及喂食次数。

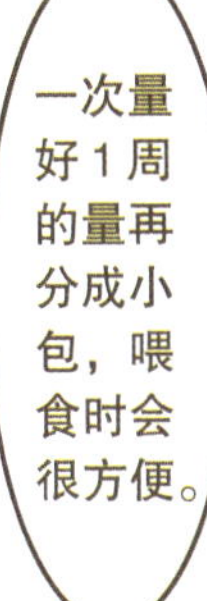

量好适宜分量再喂食

如果是目测分量，每天都会有所不同，无法喂食所需的适宜分量。最好事先用量杯量好包装上记载的量再喂食。

食欲旺盛的猫只要将每天的量分成小份，增加吃饭的次数就会心满意足。

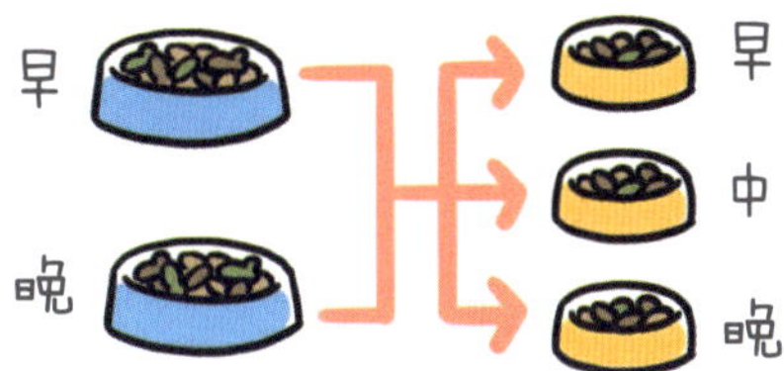

规律地喂食

喂食符合成长阶段的食物，并在固定的时间喂食。如果猫咪一讨东西吃就喂它的话会吃太多，必须禁止。

把新的食物加进没吃完的食物中，是造成腹痛的原因之一。

吃完立刻收拾

如果把食物一直放着，猫咪就会习惯三心二意地想到才吃，吃得拖拖拉拉，这也是造成肥胖或生病的原因。而且食物也会腐坏，相当不卫生，所以吃完后要立刻收拾。

碗中所残留的食物气体和水分，有可能会导致微生物繁殖。吃完饭后最好将碗洗干净并晾干，常保洁净。

食欲不振时的食物安排

如果食欲不振或是不吃之前倒出来的食物，可以对平常吃的食物动点脑筋。只要稍微加工，就能刺激猫咪的食欲。

以10秒为单位，加热至人体肌肤的温度。

加热

猫咪的嗅觉灵敏，因此闻到的味道会比吃到的味道更能促进食欲。可以将食物以微波炉稍微加热，就能增加香味，刺激猫咪的食欲。

软化

在干粮中加入热水，泡胀后就会比较容易食用。食物除了会变得比较软，味道也更明显，还有增进食欲的效果。

从离乳食品转换为干粮的幼猫，或是老化、有口腔问题的猫咪也很容易食用，十分有效。

冷却后再端给猫咪吃，避免烫伤！

淋上勾芡

在蒸煮小鱼干或鸡胸肉所产生的高汤中，加进少许面粉，将带有黏稠感的勾芡淋在食物上，就能提升味道和风味。

增加味道

把柴鱼片放进用过即丢的滤茶袋中，预先放入保存食物的袋子或罐子里，食物就会沾上柴鱼片的味道，可增进食欲。

口感和味道都和平常吃的食物不同，好好吃哦！

用湿粮装饰

在平常吃的干粮上放上少量湿粮装饰，可以增加新鲜的口感和风味，变得更有食用乐趣。

除了食欲下降，如果还有“没有活力”、“毛发失去光泽”等身体状况，也有可能是生病了，请立刻就医检查。

不可食用的东西

随便喂食对猫咪来说是相当危险的举动

猫咪也会对人类的食物表现出兴趣，但不可食用的危险食物很多，有些会引起腹泻或贫血，或是因盐分过高而使肾脏受损，严重时甚至会导致死亡。

危险的东西要放在猫咪碰不到的地方。如果发生误食，勉强催吐会有恶化的风险，因此务必按照兽医的指示，进行适当的处理。

不能喂食人类的饭菜

只要猫咪苦苦向你哀求，很多人最终还是会心软给它吃人类的食物，但这样不仅会破坏猫咪均衡的营养，还有可能会喂到危险的食物，请不要这样做。

另外，如果猫咪以哀求的方式和饲主进行沟通，可以多陪它玩耍，逐渐减少它哀求的行为。

不可食用的植物

对猫有毒的植物超过700种，要装饰室内时，一定要避免放置危险的植物。

会使猫咪中毒的植物

不可食用的植物

- 绣球花
- 牵牛花
- 常春藤
- 三色堇
- 短毛堇菜
- 杜鹃花
- 铃兰
- 百合
- 风信子
- 郁金香
- 圣诞红
- 芦荟
- 夏鹃等等

茶树等芳香精油有时也会引起中毒，必须小心。

不能喂猫咪吃的食物

即使只有一点点也会对猫咪的健康带来不良影响，因此请不要喂食。加工食品的添加物和调味料也会对猫咪的身体造成负担，必须注意。

汉堡肉中也有添加，必须小心。

葱科的蔬菜

大葱、洋葱、韭菜和大蒜等葱科蔬菜会破坏猫咪的红血球，也有引起贫血、血尿的危险。

柴鱼片、小鱼干、干货

柴鱼片的磷含量很高，有可能会导致尿结石（P.155）。小鱼干中磷和镁的含量也很高，而干货则是盐分过高。

生肉有时会有弓形虫（P.164）的原虫。

生肉、生鱼

生肉会阻碍钙的作用，生鱼则可能会引起维生素B_1缺乏症，而青背鱼有可能导致黄脂症。

点心等零食

巧克力、可可有可能会引起腹泻或呕吐等中毒反应。咖啡、红茶也不可喂食。

乌贼、章鱼、虾、贝

会妨碍维生素B_1吸收而引起中毒，也不容易消化，因此无论生或熟都不要喂食。

如果要喂牛奶就喂猫咪专用的。

牛奶、酒精

可能会因猫咪体内无法消化乳糖而导致腹泻。酒精更会引起呕吐与腹泻，甚至会致死。

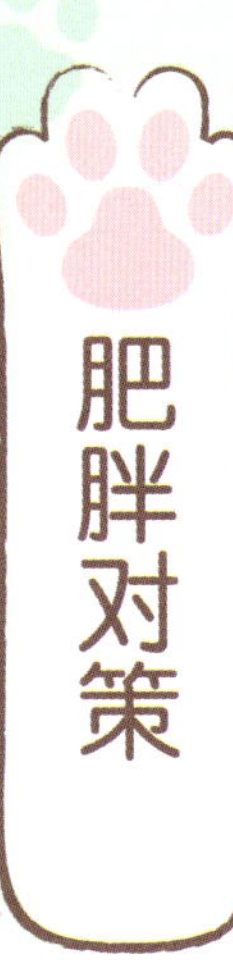

可以通过饮食管理一点一点地帮爱猫减重

猫咪超过标准体重15%就称为“肥胖”。肥胖是造成各种疾病的原因，所以饲主要时常检查猫咪的肥胖程度，如果有些肥胖可以适度让它减重。

猫咪很难像狗狗那样借由运动消耗热量，因此必须以减少摄取热量的方式，让它慢慢减轻重量。

肥胖是各种疾病的根源

如果因为肥胖而在内脏堆积脂肪，内脏功能就会减弱而容易罹患疾病。相较于正常体重的猫咪，肥胖的猫咪发生糖尿病的概率会高出五倍，出现即使有进食却很瘦弱的症状。

变胖后有可能会因为讨厌运动而越来越胖，形成恶性循环。发现有肥胖的状况就要尽早采取对策，并和兽医商量。

结扎后的饮食

一般认为猫咪结扎后，荷尔蒙的平衡会产生变化，因活动量降低、所需热量减少、食欲增加而容易变胖。饲主应该一面观察结扎后猫咪的状况，一面留心饮食的管理。

肥胖对策

准确控制进食分量，避免猫咪吃太多。和兽医商量，制定计划，将进食量及运动量考虑进去双管齐下。

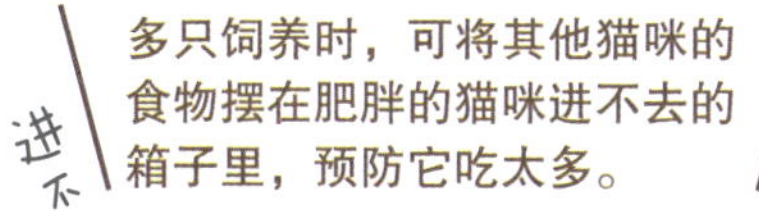

遵循食物的适当分量

食物一定要量好再喂食。要忽略猫咪讨食的叫声，但是如果叫得很厉害，应事先减少喂食量，讨食后再给予剩余的分量，避免超过适当分量。

低热量且维持相同的营养

限制食量会破坏营养的均衡，可能会使毛发失去光泽或使身体状况变差，所以应该换成维持相同的营养且低热量的食物。

不要让猫咪吃零食

只要猫咪想吃点心就喂它吃的话，会造成营养不均衡，也是热量太高造成肥胖的原因。最好还是不要让猫咪吃零食。

第5章　猫咪的健康

随时注意猫咪不舒服的征兆，

给予适当的照顾，

以保证爱猫活力与长寿。

铃铃铃铃铃
嘿——
啊！是学长！
咦？喂布布吃柴鱼片?!
不能喂它吃！
不行——不行不行！
感谢你帮了很多忙。
哪里，彼此彼此。
这里这么多猫，会不会打架什么的?
当然会啦！也有些猫咪不好相处呢！
不过打架的同时，可以互相了解，让感情变得更好。
当然，打得太激烈会制止啦！
的确是呢！
咔
有精力旺盛的猫，也有安静的猫。
战战兢兢
呀——
啪嗒啪嗒
尊重彼此的性格和地盘，猫咪的关系也得以建立。
就和人一样吧！

之后
猫咪也有很多不同的个性呀……
今天要去医院咯~
学长来咯！
我马上出去。
医院
柜台
把布盖在提笼上就能缓和猫咪的压力了。
很快就轮到我们咯。
请过来这里。
好的~
嗯~
布布和小桃要结扎啊……
怎么了吗？
小桃好像怀孕了！
什么时候！
咦咦!!
羞

5 猫咪的健康

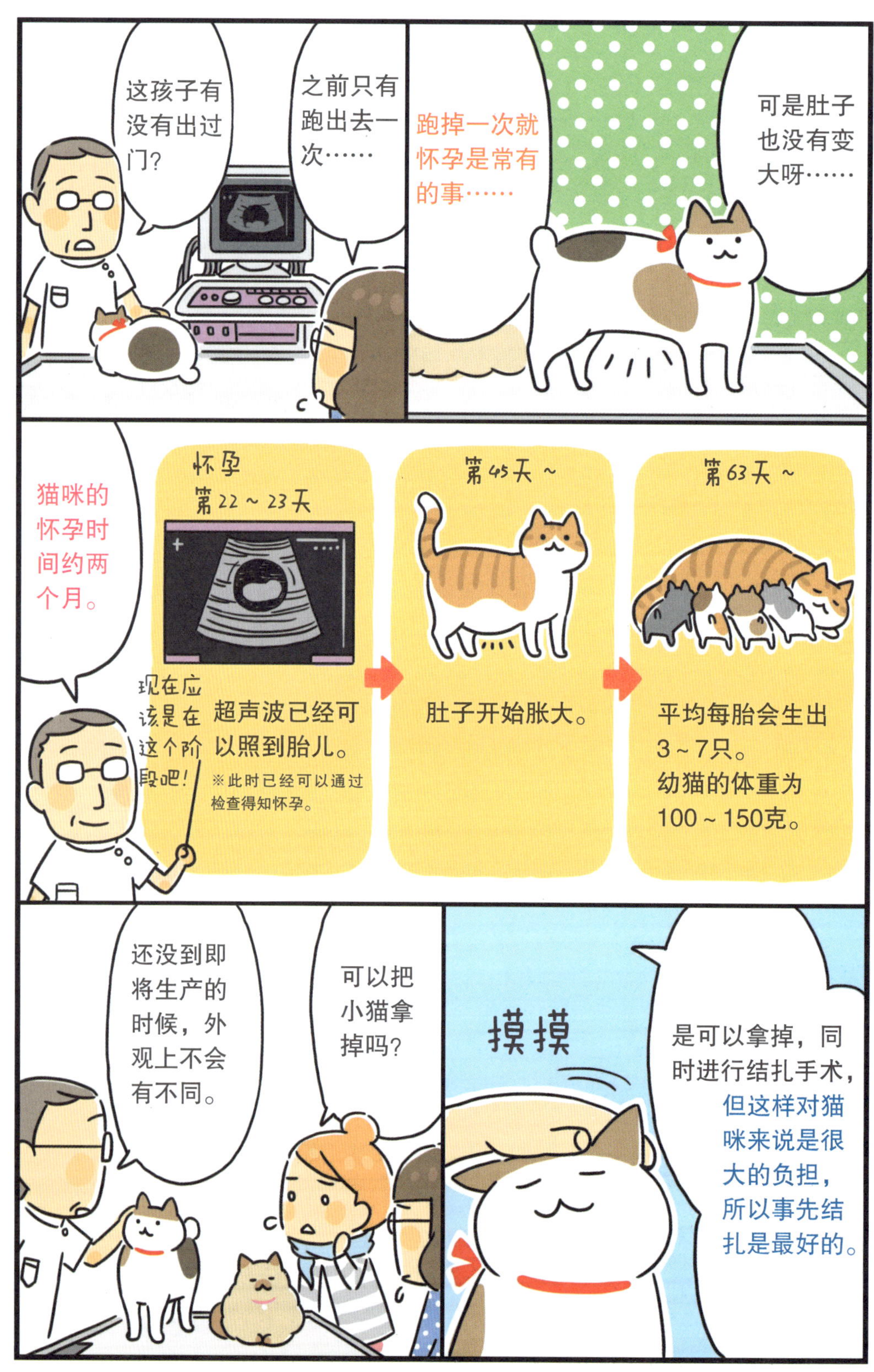
这孩子有没有出过门?
之前只有跑出去一次……
跑掉一次就怀孕是常有的事……
可是肚子也没有变大呀……
猫咪的怀孕时间约两个月。
怀孕 第22～23天
超声波已经可以照到胎儿。
※此时已经可以通过检查得知怀孕。
现在应该是在这个阶段吧!
第45天～
肚子开始胀大。
第63天～
平均每胎会生出3～7只。
幼猫的体重为100～150克。
还没到即将生产的时候，外观上不会有不同。
可以把小猫拿掉吗?
摸摸
是可以拿掉，同时进行结扎手术，但这样对猫咪来说是很大的负担，所以事先结扎是最好的。

布布就请医生结扎……
小桃的话就先回家再想想看吧！
好……
回来啦～
鼻子亲亲～
我回来了～
怎么办？
好烦哪！
我会找人领养的！
它会跑掉有一部分原因也是因为我。
对不起！
可是找得到吗……
没问题!!
拜托别人我最拿手了！
我去和朋友还有加藤商量！
对！
砰
你就照顾小桃吧！
真由总是帮我很多忙，所以这次我会努力！
嗯……
谢谢……
真是好姐妹呢！

5
猫咪的健康

发情期

发情中会产生许多问题 如果交配怀孕概率很高

猫咪的发情会定期发生在母猫身上，公猫受到发情母猫的叫声和味道引诱就会发情。

发情时因为荷尔蒙的关系会使得情绪无法安定，逃跑、受伤及传染病等风险也会提高，因此必须小心，避免发生问题。

每年有三次发情期

第一次发情大约是在母猫出生6个月之后、公猫出生8个月之后。据说长毛种是在出生后9~12个月，较短毛种晚。每年有三次发情期（冬春交替、初夏、秋），在个别的期间内会发情2~3次。

交配后排卵

猫咪会因为交配的刺激而促进排卵，有90%以上的概率会怀孕。母猫为了要确保受孕，在发情期内会不断持续地鸣叫，重复和多只公猫交配。

发情期的特征

母猫、公猫都会变得静不下来，为了寻求异性而想要离开家门。如果看起来像是发情的征兆，就要特别注意别让猫咪跑掉。

母猫的情况

不停鸣叫

像是人类的婴儿一样，以大而高的声音鸣叫。

扭动身体

在地板等处磨蹭、留下发情期特有的味道向公猫展示。

翘高臀部

一抚摸腰部，就会抬起臀部。

公猫的情况

发出低而大的叫声

会对发情母猫的叫声和味道产生反应，发出大声的鸣叫。

喷尿

四处沾上自己的味道主张势力范围，为了表现给母猫看而到处喷尿（P.76）。

变得经常打架

围绕着母猫，和其他公猫打架的情况增加。

结扎

为了防止发情期的问题 建议尽早采取对策

如果想要避免怀孕和发情期的问题，就早点进行结扎手术吧，也能降低发生生殖器疾病的风险。

手术后可以戴上伊丽莎白项圈等用具，阻止猫咪舔伤口，并安静疗养。一般三天左右食欲就会恢复，这一点也别忘了确认。另外，手术后也很容易发胖，因此要好好执行健康管理。

在性成熟前进行手术

建议母猫和公猫都在初次发情来临前，也就是出生后6个月内进行手术。此时既有体力，手术后也能较快恢复。但母猫在发情中及生产后两个月，子宫及卵巢都会充血，此时动手术负担会比较大，所以最好避免。

发情后再动手术，也有可能会让猫咪养成喷尿的习惯。

地方政府的费用补助（注）

有些乡镇县市的地方政府，会发放结扎手术费用的补助金，或是免费结扎。但在有限的预算中会依先来后到的顺序进行，或是对补助对象设立条件。可以提前向居住地的政府单位确认。

有时也会规定受理时间，所以最好事先查清楚。

注：我国也有相关的组织为流浪猫提供免费的结扎，一般不负担家猫的相关费用。

不做结扎手术会发生的事

发情所产生的行为是猫咪的本能，也有可能会令人难以忍受，并对邻居造成困扰或发生问题，引起预期之外的意外等。

叫声会造成邻居困扰

为了寻求异性而发出叫声是猫咪的本能，无法遏止，可能会妨碍睡眠或造成邻居的困扰。

反复喷尿

为了主张势力范围并表现给异性看而开始到处喷尿（P.76）。这种情形在未结扎的公猫身上特别常见。

外出导致受伤或意外

只要有缝隙就会想要偷溜出去，而增加受伤或遇到交通意外的概率。也要担心发情时身体状况变差，或因交配所带来的疾病。

也有些猫会为了寻求母猫而流浪，一去不回。

生下一堆小猫

必须照顾小猫、寻找领养者等。如果一再生产，猫咪的数量就会逐渐增加，导致无法负荷。

母猫结扎手术的优点与缺点

注射全身麻醉，摘除卵巢及子宫（如果只留下子宫，会有罹患子宫疾病的风险）。

优点

减少生殖器病变的风险

减少子宫蓄脓、乳腺肿瘤及交配所导致的传染病风险。如果在初次发情前就动手术，乳腺肿瘤的发生概率就会更低。

精神方面较为稳定

减少发情期的情绪起伏，能安静地过日子，也会减少外出的欲望。

缺点

容易发胖

雌性荷尔蒙的分泌减少，会导致食欲增加，也不再需要消耗为了发情所使用的精力，因此容易发胖。

虽然不常发生，但也有因雌性荷尔蒙减少，而在手术后变得比较具攻击性的情况。

公猫结扎手术的优点与缺点

注射全身麻醉，摘除睾丸。

优点

可以遏止喷尿和打架

地盘意识减弱，可以遏止喷尿的情况（P.76）。寻求母猫而外出或打架的情况也会减少，受伤与感染病症的概率也会降低。

有过发情或喷尿的经验后再动手术，也有可能会留下喷尿的习惯。有些情况是因为多只饲养的关系，为了护卫地盘而一再喷尿。

性格变得沉稳

攻击性和地盘意识减弱，比较会向饲主撒娇，转变为幼猫般的性格，也更容易饲养。

缺点

容易发胖

雄性荷尔蒙的分泌减少让猫咪变得安静，运动量减少，容易发胖。

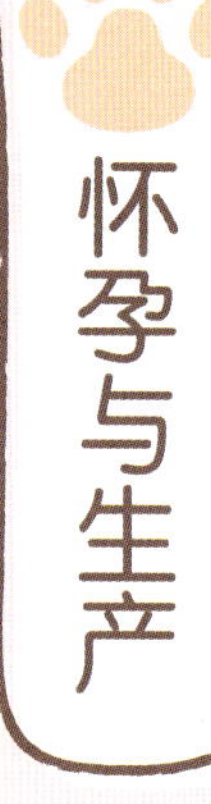

怀孕与生产

打造舒适、安静的环境并留意幼猫的成长

猫咪的怀孕时间大约60天，每次会生出3~7只。猫咪会自行生产，因此基本上不需要帮忙，但可以为猫咪做足准备，让它能在安全的环境下生产。

另外，接近预产期时，如果母猫跑到外面，也有可能会躲在人看不到的地方生产而找不到它，必须留意。

纯种猫相亲

如果希望安排纯种猫交配，可以和兽医、繁殖业者或宠物店商量，或和亲友的猫咪相亲。通常母猫的饲主须支付交配费用给公猫的饲主，而将母猫放在公猫家中2~3天使它受孕。

双方都必须除蚤、注射疫苗，并接受传染病的检查。

怀孕的征兆

乳头 在第3周左右变成粉红色，并开始胀大。

饮食 在第3周左右会出现没有食欲、呕吐等害喜症状。从第4周起食欲会增加，体重上升。

腹部 从第5周开始胀大，第6周用眼睛就能看出来。

被毛 荷尔蒙的分泌开始变得旺盛，毛发充满光泽。

举动 动作变得缓慢，经常躲起来睡觉。

生产环境的打造方式

接近生产时，母猫会坐立不安地在家里来回走动，寻找能安心生产的地点。建议在预产期两周前就开始准备生产环境。

猫咪喜欢的地方

猫咪喜欢不容易发现、阴暗干燥的地方，所以可以将产箱准备在壁橱等较为隐秘的空间。

制作产箱

在割出缺口的纸箱里，铺上几条宠物睡垫和毛巾。如果是铺上厚厚的面纸，可以方便替换脏掉的部分。

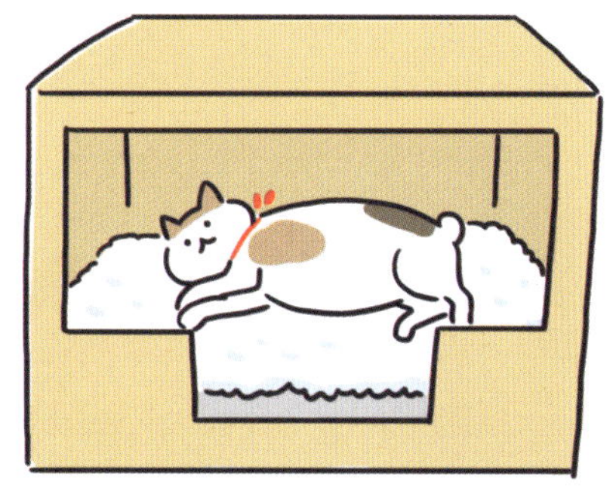

预防紧急情况发生，请事先准备好毛巾、消毒过的剪刀、纱布和面纸等。

怀孕时要注意的事项

要特别注意怀孕中的健康状态，如有异常请立即咨询宠物医院。

饮食

适量地喂食综合营养食品

由于胎儿正在发育，约从第4周开始食欲会变得旺盛，但腹泻及出血也有可能会造成流产。要注意吃太多和消化不良的情况。

减少单次的食物分量

变大的子宫会压迫到胃，每次能吃得下的食物分量会减少。喂食的次数大约每天四次，一定要喂食新鲜的食物。

腹部

为了保护母子，要避免压迫和负担

猫咪的腹壁相当脆弱，用手按压、从高处跳下或进入狭窄处而压迫到腹部，就有可能会伤害胎儿导致流产。

幼猫的成长过程

每天检查体重、吃饭的时间与分量、排泄物和健康状况，布置不会遭遇意外与疾病的安全环境。

年龄	成长	必须的护理	饮食
出生后1周内	出生后4天~1周眼睛会张开，肚脐尾端会掉下来。	幼猫会从初乳中获得病毒抗体，因此如果无法喝到母乳就要和医院咨询解决办法。排泄是由母猫舔舐，或在喂奶前后用面纸擦拭肛门刺激排泄。	婴儿期
出生后2~3周	可以开始走动、长出乳牙。可能会对陌生的事物感到害怕。		
出生后4~5周	约35天时，脑部和乳牙的发育完成。开始离乳，可以自己进行饮食及排泄，行动范围也会扩大。	喂食离乳食品和饮水，开始训练上厕所。出生后第一个月进行首次健康检查（P.165）。导致发育不良或有生命危险的寄生虫，可以借由粪便检查早期发现、驱除。	离乳期
出生后6~8周	开始狩猎的练习，和兄弟姐妹之间的玩耍会变得激烈。为了幼猫的发育和正确行为，要让它和母猫一起生活至出生后8周为止。	从母猫获得的病毒抗体在出生2~3个月后会消失，所以要在出生后50天左右首次注射疫苗。	
出生后2~3个月	到出生后2个月左右为止持续和人接触，幼猫的警戒心就会降低。3个月左右就会开始长出恒齿。	开始洗澡、刷牙和梳毛。观察幼猫的情况，让猫咪习惯抚摸，同时除蚤。	幼猫期
出生后4~12个月	6个月大时就会离开母猫独立，1岁时就会发育为成熟的身体。6个月左右会面临初次发情（P.138）。	到6个月之后，就可以进行结扎手术（P.140）。	

幼猫的饮食

幼猫会从母乳获得必需的营养。在母乳分泌不足等情况下，可以喂食代用乳品。因为喂食牛奶会造成腹泻，所以一定要选择猫用奶粉。

婴儿期（出生后第 1 ~ 3 周）

喂食母乳或猫用奶粉

将人体肌肤感觉温热的猫奶，每隔4小时以猫用的奶瓶或针筒喂食。每天5~7次。

如果让猫咪仰躺喝奶容易呛到气管，必须小心。

离乳期（出生后第 4 ~ 6 周）

慢慢替换成离乳食品

替换成以开水、奶粉泡胀的幼猫用干粮，或拌入了奶粉的市售离乳食品。出生后40天左右再停止喂食猫奶。

幼猫期（出生后 2 ~ 12 个月）

改吃幼猫用干粮

拌入离乳食品或奶粉，慢慢喂食幼猫用的干粮。请严格遵守包装上的说明，不要喂食超过幼猫可消化的量。

虽然食欲很好，但是有可能因为吃太多而拉肚子。

喝母乳期间，可以喂食母猫营养价值高的幼猫用干粮。

幼猫出现这些状况时必须就医

- □身体冰冷或发烫
- □疲倦乏力、没有活力
- □体重没有增加或过瘦
- □腹部经常肿胀
- □持续呕吐或腹泻
- □3天以上未排便

之后某天
恭喜怀孕了。
谢谢。
医生说是女孩
由香和学长感情也不错吧?
还可以啦~
他今天也在我家和猫咪玩哟~
对了~我老家的猫现在也怀孕了，正在找人领养，所以如果方便的话……
就是这只猫……
但是我听说孕妇不能养猫呢……
听说会有弓形虫。
咦!真的吗?!
也有可能会影响胎儿……
……
……
无精打采
孕妇不能养猫……
如果我跟学长结婚，怀孕之后布布怎么办?!
要怎么办才好呢~

铃铃铃铃铃
吓
喂……
哔
糟了！布布它……
咦咦！
布布！！
无力瘫软
吃完饭突然就吐了……
已经8点了……
要马上带去医院……
但看诊时间已经过了吧！
唔……
虽然有点远，不过还是有看夜诊的医院。
就去那里……
啊呀是隔壁的～
布布你要振作啊～
怎么了吗？
猫咪吐了……要马上带去医院……
啊！田中太太
等一下！！
勉强移动它，如果恶化怎么办?!
我马上过去！
咦?!

5
猫咪的健康

先用电话描述猫咪的状态，由医生判断后再决定要不要带去医院。
猫吐了……
疲倦无力
精疲力竭……
好~
把呕吐物和排泄物放进塑料袋里带去!!
应该可以带去看医生，带它过去时不要摇晃到它。
在提笼上盖一块布，温柔地跟它说话。
唰……
谢谢你。
动物医院
是吃太多了。
已经没事咯~
太好了~
呼——
这孩子多大了?
应该是3岁左右……
它是男生，最好小心泌尿疾病哟!
泌尿疾病?

※根据《猫咪的疾病（大分类单位）别罹患机率／anicom家庭动物白皮书2011》

导致尿结石的主要原因有……
公猫
（尿道狭窄）
♂
无力
肥胖
运动不足
喝水量太少
WATER
压力
砰砰
变胖之后运动量就会减少，喝水量也会减少，就比较容易产生结石。
……要努力减肥了!!
爆~肥
除了减肥之外还可以做什么呢??
补充充足水分，还有检查猫砂盆……
笔记
❶可以在房间四处摆放新鲜的水。
运动也会增加喝水的机会。
如果有喝水尿量就会增加
❷猫砂盆要每天清理，同时检查尿液和粪便。
也要请你跟医院问一下预防的食物。
好的~

请问……
孕妇养猫
的话……
你是想
问弓形
虫吧!!
有一些人
已经感染
过弓形虫
了，
如果身
体健康，
就不会
有症状
而产生
抗体。
是这样啊~
怀孕之后
可以确认
一下是否
有抗体。
可以
到妇
产科
进行
血液
检查
哟~
要小心
的是怀
孕后首
次感
染……
受到感染
的猫所排
泄的粪便
如果放两
天以上，
也有可能
会因此而
感染。
粪便
要预防经由毛发
感染，也必须清
扫房间。
每天仔细
清理猫砂
盆，也得
要洗手。
请先生的
家人帮忙
清扫也可
以哦！
咦——
他说学
长是我
先生~

5
猫咪的健康

要留意的症状与疾病

以疫苗预防 在平时养成健康的生活习惯

当猫咪发出不舒服的信号时，有可能已经并发数种疾病，甚至关乎生死。有些治疗也会给猫咪造成很大的负担，所以平时就该以疫苗和药物预防、注意适当的饮食及运动、整理好环境，减少生病的风险相当重要。

也有很多疾病是通过和感染疾病的猫咪接触或打架而传染，因此养在室内也可以起到预防作用。另外，人也有可能会传播病毒，因此摸猫前后都要好好洗手。

小心泌尿器官的疾病

造成猫咪死亡的原因前几名为泌尿器官疾病、消化器官疾病以及传染病。尤其是泌尿器官疾病和消化器官疾病，因此平时就要注意。另外，幼猫的死因中，传染病占了40%以上。必须注意不要让幼猫接触感染疾病的猫咪。

猫咪的死亡原因（0 ~ 10 岁）

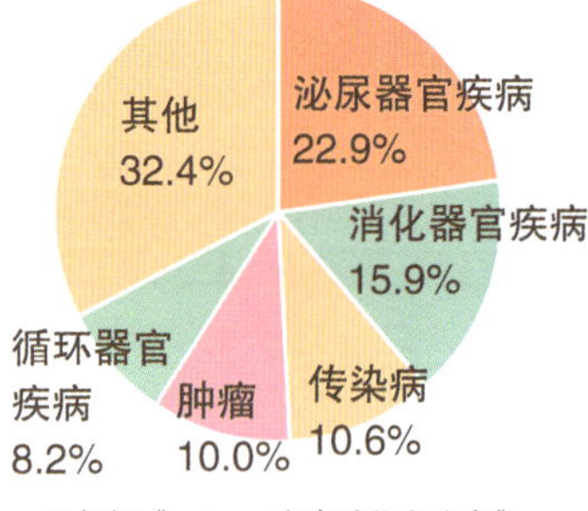

※根据《anicom家庭动物白皮书》

多只饲养须防止感染

只要有一只猫感冒，打一个喷嚏就可以把感染范围扩大到周围的猫。如果发现有猫生病了，可以把吃饭和上厕所的地方分开，并将其隔离在笼子里等，以免扩大感染范围。

※P.155 ~ P.163所介绍的是具代表性的症状和疾病。即使只有一种症状，也有可能是各种疾病的征兆，如果出现症状，请不要自行判断，应尽快送医接受诊断。

排泄与上厕所的情况异常及相关疾病

检查项目

□颜色比平常浓或淡（→A、B、C）
□尿液混浊，偏红或带有褐色（→A、B）
□掺杂砂粒或石块、带有光泽的结晶（→A、B）
□比平常臭（→A、B）
□和平常的量不同或完全尿不出来（→A、B、C、D）

□上厕所的次数多或少（→A、B、C）
□排泄时会痛，鸣叫听起来很痛苦（→A、B）
□排泄时的姿势和平常不同（→A、B）
□反复在猫砂盆以外的地方乱尿尿（→A、B、C、D）

如果要采集尿液，可以在猫咪排尿时放置干净的容器承接。

尿不出来、尿里掺杂异物、排尿时很痛苦

A：尿结石

尿液中的磷、钙、镁在肾脏、膀胱和尿道等处形成结石，引起频尿、血尿、食欲不振等症状。容易复发。

B：膀胱炎

细菌感染或尿结石导致膀胱发炎、上厕所的次数增加、尿不出来、血尿等症状。必须喂食适当的食物，花点心思让猫咪喝水。

结石阻塞，超过两天没有排尿也有可能会造成尿毒症，甚至有生命危险，因此要喂食预防结石的食物及新鲜的水，并借由定期运动加以预防。

上厕所的次数增加

C：肾衰竭

肾脏功能减弱而开始喝多尿多、食欲不振等，若是恶化就会演变为尿毒症。常发生在高龄猫身上，死亡率也高。症状不容易出现，因此要每年做身体检查。

腹泻、变得无精打采

D：尿毒症

肾脏功能减弱而使得代谢废物堆积在身体里，引起食欲不振和呕吐等症状。如果不立即治疗，可能会有生命危险，必须小心。

人类的食物盐分太高，会对猫咪的肾脏造成负担，因此不可喂食。

以疫苗预防　以预防药物、治疗药物照护　通过日常观察、检查，早发现、早治疗
以养在室内的方式预防　以饮食管理预防　以提供饮水的方式预防　以身体的护理预防

呕吐及相关疾病（1）

检查项目

- □吃下去的食物吐了好几次（→A、B、C、D）
- □呕吐物中掺有虫子、异物、血液（→A、B、C）
- □空腹时吐出黄色的胃液（→C）
- □数次吐出绿色的液体（→D）
- □想吐却吐不出来，呼吸不顺，带有明显呼吸声（→E）

吃下去的食物马上就吐出来

A：食道炎

鱼骨、金属片、太热的物品引起食道发炎、流口水或食欲不振。有时会因疼痛而在吃饭时呜叫。小心不要让猫咪吃下会导致发炎的物品。

B：巨食道症

部分食道异常扩张，无法将食物送至胃部。分为先天性及后天性，不易预防，因此要定期检查，才能早期发现。

吐出已消化的食物

C：肠胃炎

原因是吃到腐败或冰冷的食物，或是误食、感染病毒及毛球症等，会造成严重腹泻及血便、呕吐等症状，须从饮食管理方面加以预防。

反复呕吐引起腹痛

D：肠阻塞

吃下异物或寄生虫等原因所造成，导致便秘、呕吐、食欲不振，甚至有死亡的危险。一定要防止误食，并定期检查。

猫咪会自行吐出体内的毛球，但呕吐后若是疲倦乏力或连续呕吐就可能是生病了，所以要注意。

※P.155～P.163所介绍的是具代表性的症状和疾病。即使只有一种症状，也可能是好几种疾病的征兆，如果出现症状，请不要自行判断，应尽快送医接受诊断。

呕吐及相关疾病（2）

想吐却吐不出来

E：毛球症

理毛时所吃下肚的毛会在胃里或肠道里形成毛球，造成食欲降低、呕吐及腹泻等。毛球如果太大，也有可能要动手术。

每周一次，将一汤匙的色拉油淋在食物上，让猫咪舔食预防毛球症。

粪便异常及相关疾病

检查项目

- □比平常臭，发出怪味（→A）
- □粪便中有虫子（→A）
- □腹泻或软便（→A）

其他：粪便偏黑，有便血或持续两天以上便秘也要注意。

粪便白色呈水状→小肠有异常
红而软→大肠有异常
黑而软→传染病等

腹泻、软便

A：肠内寄生虫

蛔虫、钩虫、绦虫等寄生虫会寄生于小肠或大肠等处。也有些成猫不会出现症状，但幼猫则会食欲不振、腹泻或呕吐，也有可能会发育不良。

猫咪的臀部或房间内，如果有发现白芝麻般的物体，就有可能是虫卵。

人如果感染了蛔虫等寄生虫，可能会有引起视觉障碍的危险。摸猫之后要洗手、经常地清理猫砂盆和猫咪所待的地方，保持干净预防感染。

以疫苗预防　以预防药物、治疗药物照护　通过日常观察、检查，早发现、早治疗
以养在室内的方式预防　以饮食管理预防　以提供饮水的方式预防　以身体的护理预防

眼部异常及相关疾病

检查项目

- □眼睛周围红肿、充血（→A）
- □脓状或偏白的眼屎、流泪不止（→A、B、C）
- □眼睛里有混浊的部分（→C）
- □用脚抓眼睛，或用家具磨蹭（→A、B）

其他：瞳孔缩小时出现瞬膜。

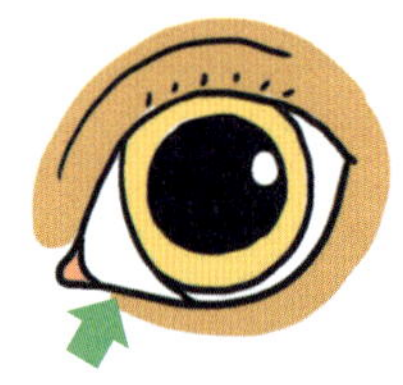

接近眼头的白色薄膜就是“瞬膜”。

眼屎、充血、揉眼睛

A：结膜炎

病毒感染或过敏使得眼皮内侧肿胀，若是恶化，眼睛就会无法张开。如果猫咪频繁地揉眼睛就要小心。

有时也会因感冒而引发结膜炎，因此可借由疫苗预防。

流眼泪、揉眼睛

B：角膜炎

病毒感染或异物掉入而导致角膜发炎，产生瘙痒或疼痛等症状。有可能会导致视力减弱或失明，因此早期发现及治疗非常重要。

眼睛白而混浊

C：白内障

因为外伤或糖尿病（P.162）等原因导致视力减弱，会被绊倒或撞到东西。若是恶化就得动手术，因此早期发现很重要。

伯曼猫、喜马拉雅猫及波斯猫等品种天生容易罹患白内障，必须留意。

※P.155～P.163所介绍的是具代表性的症状和疾病。即使只有一种症状，也可能是好几种疾病的征兆，如果出现症状，请不要自行判断，应尽快送医接受诊断。

耳部异常及相关疾病

检查项目

- □耳朵内部偏红、肿胀（→A、D）
- □耳垢的量及颜色和平常不同（→A、B、C）
- □黑色或咖啡色的耳垢使耳朵变脏（→C）
- □发出怪味（→A）
- □用脚抓耳朵或用家具磨蹭（→A、B、D）
- □甩头、走起路来东倒西歪（→A、B、C、D）

反复地甩头时必须注意。

有耳垢、会瘙痒

A：外耳炎

耳疥虫、细菌、过敏所引起，使耳朵入口至鼓膜处发炎。通常瘙痒会越来越严重、有臭味的耳垢也会堆积，是造成中耳炎和肿瘤的原因。

外耳炎易发于苏格兰折耳猫等耳朵下垂的猫咪。

头偏一边

B：中耳炎、内耳炎

主要是外耳炎恶化所引起的，发炎的症状会扩及鼓膜内部。强烈的疼痛会使猫咪甩头，没有活力。预防外耳炎是避免发病的重点。

产生大量黑色耳垢

C：耳疥虫感染症

耳疥虫寄生于耳朵，产生黑色耳垢。严重瘙痒会使猫咪甩头、磨蹭耳朵，也有可能会演变成外耳炎。幼猫的感染概率高。

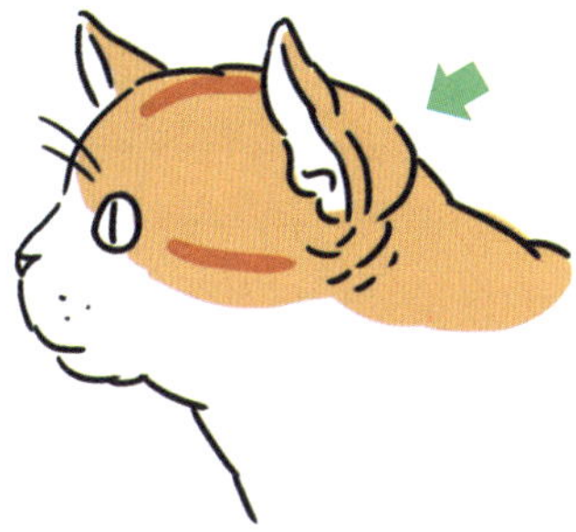

耳朵肿胀

D：耳血肿

耳疥虫、外耳炎的瘙痒等原因使猫咪抓耳朵，造成内出血，血液堆积在耳朵而肿胀。有时耳朵可能会无法恢复原来的形状，所以必须及早治疗。

以疫苗预防　以预防药物、治疗药物照护　通过日常观察、检查，早发现、早治疗
以养在室内的方式预防　以饮食管理预防　以提供饮水的方式预防　以身体的护理预防

鼻、口异常及相关疾病

检查项目

- □打喷嚏或流鼻水（→D）
- □口臭严重（→A、D）
- □口水流不停（→A、B、D）
- □进食的时候很在意嘴角（→A、B）
- □口腔内发红发炎或出血（→A、B、C）
- □只用单侧的牙齿啃咬（→A、B、C）
- □牙齿松动（→C）
- □牙结石多（→C）
- □牙龈或舌头异常地红（→C）

口臭或流口水的情况严重

A：口内炎

因牙垢或病毒感染导致牙龈及舌头肿胀、出血、口臭或流口水的严重情况，也可能会因为疼痛而食欲降低。必须通过由牙齿护理或疫苗预防。

边吃边发出痛苦的叫声，有可能是口内炎。

猫咪之间很容易通过打架而传染。

口内炎反复发生

B：猫爱滋

因感染猫免疫不全病毒（FIV）而造成腹泻、肿瘤、体重减轻等症状。免疫力会降低，甚至有生命危险，因此须以疫苗预防。

牙龈红肿

C：牙周病

因为牙垢的细菌而使得牙龈肿胀出血，若是恶化可能需要拔牙。平时应该帮它刷牙（P.105），防止牙垢堆积。

流鼻水、打喷嚏

D：感冒

因病毒感染而引起咳嗽、发烧等和人类的感冒相似的症状。传染性强，有时症状会很严重，若是幼猫则有可能会致命。

※P.155～P.163所介绍的是具代表性的症状和疾病。即使只有一种症状，也可能是好几种疾病的征兆，如果出现症状，请不要自行判断，应尽快送医接受诊断。

皮肤异常及相关疾病

检查项目

☐皮肤干燥，有皮屑（→B、C）
☐有伤口、疮痂、突起、肿块（→A、B）
☐掉很多毛、若干处秃毛（→A、B、C）
☐异常地舔舐、啃咬身体（→A、B）

其他：毛发失去光泽，皮肤黏糊糊，感觉很油等，需特别注意。

下巴的黑色颗粒是称为猫粉刺的“痤疮”。

频繁地搔抓身体

A：皮肤炎

因为跳蚤、食物或灰尘等原因造成瘙痒，也可能会有秃毛或长疹子等症状。彻底排除致病的因素及打造清洁的环境非常重要。

B：疥癣

猫疥虫的寄生会导致脸和耳朵长疹子或产生皮屑。用脚搔抓时会扩散至全身，也有可能会传染给人。须以预防药物、驱虫剂防止寄生。

圆形秃毛或产生皮屑

C：真菌性皮肤病

皮肤感染霉菌而引起圆形秃毛等症状。人也有可能会受感染而导致圆形的皮肤炎。和受感染的猫咪接触后要洗手，并保持环境清洁。

猫咪很容易在耳尖、嘴巴周围或脚尖掉毛。

感染“肉食螨症”时，猫咪不太会感到瘙痒，可是人一旦受到传染就会产生严重的瘙痒，要注意从背部产生大量皮屑的症状。

 以疫苗预防　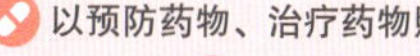 以预防药物、治疗药物照护　通过日常观察、检查，早发现、早治疗
以养在室内的方式预防　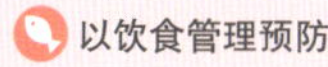 以饮食管理预防　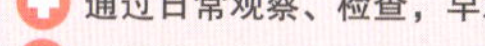 以提供饮水的方式预防　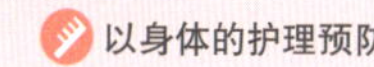 以身体的护理预防

食欲、体重异常及相关疾病

检查项目

- □没有食欲或食欲异常地好（→A、B、D）
- □不喝水或大量喝水（→A、B）
- □急速变胖或变瘦（→A、B、C）

其他：虽然有食欲却不吃，动也不动时也要小心。

有食欲却很瘦，就是必须小心的信号。

大量喝水

A：糖尿病

血糖值上升，有吃东西却很瘦，变得喝多尿多。有时是因肥胖或压力而发病，因此平常就要注意保持适当的饮食及运动。

有吃东西却很瘦

B：甲状腺功能亢进症

甲状腺荷尔蒙分泌过剩，虽然很好动且食欲旺盛却很瘦，变得喝多尿多。常见于高龄猫，也会影响心脏等器官。

发烧且体重减轻

C：猫传染性腹膜炎

因感染病毒而呕吐、腹泻、食欲低落。幼猫的死亡率高且没有疫苗，因此须避免和受感染的猫接触，仔细做好健康管理。

在幼猫的传染病中最为常见，所以要注意！

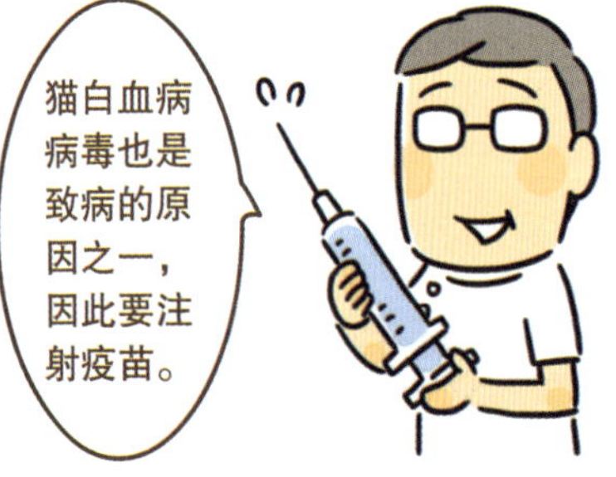

呕吐且食欲降低

D：淋巴肿大

淋巴球产生肿瘤，造成呼吸困难或腹泻（依肿瘤的位置会有不同症状）。原则上是以养在室内的方式预防，若有异状要立即就医。

幼猫超过半天或成猫超过一整天没有进食，也没有活力时要立即就医。

※P.155～P.163所介绍的是具代表性的症状和疾病。即使只有一种症状，也可能是好几种疾病的征兆，如果出现症状，请不要自行判断，应尽快送医接受诊断。

全身的异常与相关疾病

检查项目

- □耸动肩膀、急促呼吸，或吐出舌头浅而快地呼吸（→A）
- □张开嘴巴呼吸（→A）
- □咳嗽（→D）
- □呼吸时发出啧啧、咻咻等奇怪的声音（→C、D）
- □走路方式奇怪，例如拖着脚走路等（→B）

其他：脚不碰地板，腹部隆起，腹部有硬块，想摸猫咪身体时会不高兴等，都必须注意。

张开嘴巴呼吸

A：中暑

在高温的地方体温上升而痛苦地呼吸，导致流口水、呕吐、腹泻等症状。有时会有致命危险，因此须尽早处理（P.169）。

常见于幼猫、高龄猫及肥猫，必须小心。

拖着脚走路或动作变得迟缓

B：关节炎

常见于高龄猫，股关节、膝盖、肘部会疼痛，也有可能导致行走困难。可以改造环境，例如减小家具的高低差等，以减轻关节的负担。

呼吸不顺，没有活力

C：心肌症

心脏功能减弱，食欲及活力降低，也有死亡的风险。常见于高龄猫，无法根治，因此要早期发现治疗。

呼吸时很痛苦

D：心丝虫病

会造成呼吸困难、食欲不振及腹泻，也可能会突然死亡。猫咪较狗狗不易发现，感染源是蚊子，所以即使是养在室内也要小心，可借由药物预防。

在身体发育完成的1岁及开始老化的7岁时进行心脏检查，就能早期发现疾病。

以疫苗预防　以预防药物、治疗药物照护　通过日常观察、检查，早发现、早治疗
以养在室内的方式预防　以饮食管理预防　以提供饮水的方式预防　以身体的护理预防

会传染给人的疾病（弓形虫症）

猫咪的疾病也会传染给人。孕妇如果初次感染弓形虫症，有时也会影响胎儿，但是只要小心预防，就不用过度反应。

饲主如果怀孕可以确认是否有抗体

可以到妇产科接受抽血检查，请医生开立需要的药物。猫咪也带到动物医院检查，如果没有抗体就要小心，避免感染。

猫咪的排泄物要立即清理

受感染的猫咪粪便若是一直放着，也有可能会感染，所以要立即清理并洗手保持干净。碰过猫咪之后也要洗手。

也要小心从毛发传染

有时也会从毛发传染，因此猫咪常待的地方及毯子可以经常打扫加以预防。

除了猫咪之外，生肉和土壤也是感染源。肉类要充分加热烹调，处理过生肉的砧板和菜刀每次使用后都要清洗。碰过土壤后也要把手好好洗干净。

健康检查

通过定期健康检查，及早发现、治疗疾病

为了保护自己不受外敌攻击，猫咪会隐藏自己的身体不适，这时通过定期健康检查确认猫咪的健康状况就变得非常重要。可以和兽医先行讨论猫咪的年龄、身体状况及费用，再从身体检查、血液、尿液检查和X光检查中选择检查内容。

尿液检查可以反映出猫咪许多身体状况。

接受检查的时期和费用

如果是健康的猫咪，原则上每年一次，7岁之后患病的风险增加，每年可以检查两次。基本健康检查费用为800~1000元人民币，依内容和医院会有所差异，必须事先确认。

7岁之后会开始老化，必须进行计算机断层扫描或超声波检查等精密检查。

清理肛门腺

干净的臀部如果无故发出臭味，有可能是因为位于肛门左右两边的肛门囊堆积了分泌物。如果置之不理会感染细菌，可能演变成肛门囊炎而发炎或化脓。健康检查时，可以请医生检查一下，如果有需要就请他将肛门腺分泌物挤出。

频繁地舔舐肛门或在地板上磨蹭，就是要小心的信号。

各个季节的护理须知

配合冷暖的变化，让猫咪自行选择舒适的地方

夏天可能会中暑或得夏日疲劳症候群、冬天则有烫伤及感染传染病等危险。对猫咪来说，舒适的温度为20℃～25℃、湿度为50%～60%，饲主外出时，可以在房间内分别布置凉爽和温暖的地方，用门挡等把门撑开，让猫咪能依自己的身体状况自由移动。

另外，春秋两季是容易掉毛的季节，可以经常梳毛，预防毛球症。

度过冬天的方法重点

和人一样，这个时期的猫也很容易受到病毒感染。可以花点心思让猫咪温暖过冬，并多放置一些新鲜的水以防止排尿问题。

利用暖乎乎的物品

可以用热水袋或宠物电毯帮助保暖。为了防止低温烫伤，请事先用毛巾包住热水袋。

在猫床下方铺上靠垫也很温暖。

一直待在暖桌（注）里可能会造成水分不足或外耳炎（P.159）。

注：日本的取暖用具。一张正方形矮桌，上面铺上一张棉被子，桌下有电动发热器。

安全地使用电暖器

小心不要造成烫伤、脱水症状，或碰到猫咪的玩具而引起火灾。也要提高湿度，以预防因干燥而引起的病毒感染。

如果猫砂盆所在的位置太冷，猫咪可能会因为不想去上厕所而导致便秘或膀胱炎（P.155），所以也要考虑将猫砂盆设置于温暖的地方。

度过夏天的方法重点

冷气的冷风会聚积在地板的位置，因此对人而言舒适的温度，对猫咪来说有可能会太冷。要避免因为太冷而导致食欲不振或腹泻。

在炎热的时间段开放冷气

把睡床或毛毯放在风不会直接吹到的地方，这样猫咪就可以在感觉太冷时自行移到温暖的地方。

保冷垫或以毛巾包裹的保冷剂也不错。

进入冷气房中，如果猫咪待在凉爽的地上则代表会热，待在毛毯等温暖处就代表会冷。可以借由观察猫咪来调整舒适的温度。

具有隔热效果的遮光窗帘非常方便。

避免阳光直射

以窗帘或日式卷帘[注]遮挡阳光，就能防止室温上升。开窗加强通风时要避免猫咪跑掉（P.44）。

注：用竹子或芦苇编制成的帘子，悬挂起来用于房屋分区或遮挡阳光。

猫咪用品要常保清洁

这个时期容易出现食物氧化、跳蚤、壁虱肆虐等问题，所以要勤洗餐具、打扫房间，并晾晒猫咪的用品以防虫蛀，维持环境清洁。

猫砂盆也要经常清洗，并放在阳光下消毒。

如果猫咪喜欢凉爽的瓷砖触感而想待在浴室，一定要把浴缸的水先行放掉以避免溺水。

如果不知道该如何处理可以向兽医寻求建议

猫咪受伤时，如果能给它进行适当的紧急处理就能减轻它的疼痛，对之后的治疗也会有帮助。但猫咪若是因疼痛而情绪激动，就不要勉强处理，等它冷静下来再送医。

另外，即使经紧急处理猫咪看起来似乎有好一些，但身体内部也可能依然存在创伤，因此处理后务必要接受兽医的诊疗。

紧急处理（1）

出血情况严重时，要用绷带等物品将患处较靠近心脏的一端绑紧止血，10分钟左右便可缓和出血。

出血、伤口

1. 伤口上若有异物要先清除，以浸泡过温水的纱布擦拭。
2. 以干净的纱布或毛巾按压止血。

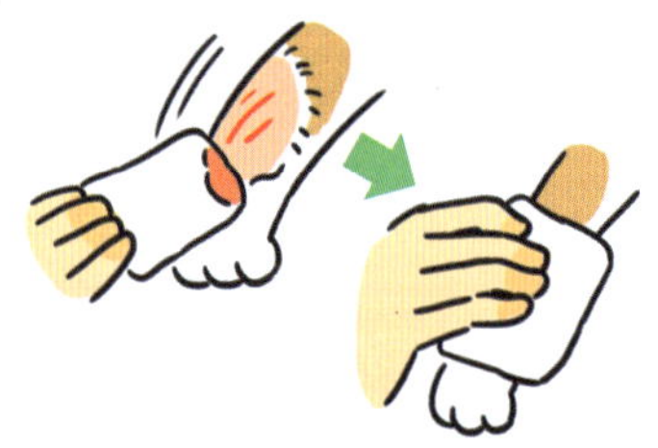

把伤口周围的毛剃掉会比较容易进行治疗，也能防止化脓。

坠落、意外、脊椎骨折

1. 如果有外伤或骨折，就要进行相应的处理。
2. 把布铺在稳固的板子上，让猫咪躺在上面用绷带固定住，然后送往医院。

如果鼻或口有出血的情况，可以用面纸擦拭。

紧急处理（2）

移动猫咪时尽量不要摇晃，可以轻柔地跟它说话。

烫伤

1. 用冷水浸湿的毛巾或纱布覆盖全身。如果温度没有降低，就放进脸盆淋上冷水。
2. 用保鲜膜包裹患部，用冰袋冰敷，同时送医。

小心水不要淋到头，以免造成猫咪恐慌。

中暑

1. 把猫咪移到凉爽的地方，用冷水浸湿的毛巾包裹全身，让体温下降。
2. 用保冷剂抵住猫咪的脖子，同时送医。在提笼中放入包了毛巾的保冷剂会很有效。

将保冷剂或冰袋冰敷腋下或大腿内侧，也能有效降温。

疼痛时不要勉强处理，先让它安静下来。

脚骨折

1. 用竹筷等物品将脚固定后再用绳子捆绑牢靠。
2. 再用绷带缠绕其上，让猫咪躺在平整的板子上送医。

溺水

1. 将猫咪倒吊，一面摩擦背部一面摇晃，直到它把水吐出来。
2. 如果没有呼吸就按住嘴巴，从鼻子吹气进去。

在躺卧的状态下运送猫咪时，最好让猫平躺在平整且有稳定感的厚纸箱或胶合板等平台上并捆好，以毛巾包裹后运送。

选择医院的方法

刚开始饲养及搬家时要先找寻值得信赖的医院

不只是生病或受伤，注射疫苗、健康检查、除蚤、结扎、生产的护理、外出时寄养等，医院都可以提供许多协助。如果平时就有固定帮爱猫看诊的主治医师，不但能留下完整的病历数据，也能让猫咪接受适当的治疗，会更让人放心。

刚开始饲养及搬家时，可以尽早找好附近的动物医院，如此一来即使有突发状况也能立刻反应。

夜间的急诊医院

猫咪有可能会在半夜突然不舒服，如果主治医生能在紧急时帮忙看诊是最好的，但如果没有办法，可以事先找好夜间和假日也有看诊的医院冷静地处理。

运用宠物保险

加入动物用医疗保险，就能请保险公司负担部分治疗费用。加入保险会有猫咪年龄及健康状况等条件，因此建议在刚饲养时至5岁（患病前）左右投保。

日本的宠物保险公司

- anicom损害保险（动物健保family）
  http://www.anicom-sompo.co.jp/
- 日本动物俱乐部（The宠物保险PRISM）
  http://www.animalclub.jp/
- ipet（我的毛小孩Light）
  http://www.ipet-ins.com/light/ 等

※我们国内在宠物保险方面欠发达，2012年左右刚推出了国内首款宠物保险。

选择医院的重点

步行即可到达的医院会很方便，紧急时也能立刻赶去。可以选择兽医和工作人员都很真诚对待动物的医院。

环境整洁、设备齐全

确认环境是否清洁、安静，设备是否先进、齐全，以及工作人员态度是否亲切。狗和猫的候诊室如果分开，等待时也能平稳宠物情绪。

如果能细心回答饲主的咨询就会令人很放心。

诊疗是否慎重且易于了解

慎重地问诊、诊疗，且说明疾病的治疗方法或回答问题时是否易于了解也很重要。要选择慎重且温柔地对待猫咪的医院。

收费制度明确

应选择费用明细、收费透明且令人安心的医院。

具体地传达猫咪的状况 让诊疗得以顺利进行

去医院时，为了不让猫咪的身体状况因为压力而恶化，可以留心在候诊室和接受诊疗时的应注意的事项。事先以电话预约并传达猫咪的状况，不但可以缩短等待时间，兽医也能做好准备，让治疗顺利进行。

另外，即使是相同症状，不同兽医的治疗方法也不尽相同。如果感到困惑，可以多询问几位兽医的意见，选择对猫咪负担较轻，且能够接受的治疗方法。

在候诊室中的礼仪

在提笼中放入猫咪喜欢的毛毯，上锁后再盖上布，猫咪就会安静下来。尽量不要让它和其他猫狗接触，以避免传染疾病。为了不让工作人员受伤，先剪好趾甲也很重要。

小心猫咪跑掉

如果有不熟悉的人和动物，猫咪会非常紧张。如果在陌生的地方跑掉，就有可能会找不回来。可以先用洗衣网包起来再放进笼子，万一开门时它想逃跑也能加以阻止，同时还可以防止猫咪在诊疗室的激烈挣扎。

诊疗的重点

可以和兽医确认异常的原因，做了哪些治疗以及回家后要进行哪些护理、吃哪些食物等，对日后的预防也会很有帮助。

具体地传达猫咪的状况

告诉医生从什么时候开始发生了哪些异常、和平常有哪些不同等事项。平时就掌握猫咪的身体状况也很重要。

如果能把食欲、吃过的食物、喂食分量和次数、排泄的状态和次数，以及喝水的量、猫咪的性格、整体的情况（是否有活力）等细节都告知医生，可以让诊疗更顺利进行。

把粪便放进塑料袋等容器中。

带着排泄物就医

如果是腹泻或呕吐，可以将呕吐物或排泄物放进塑料袋中，以保冷剂冷却，对诊疗也会很有帮助。

在家中的护理

喂药方式或猫咪休养的方式都要依照兽医的指示并让它安静休养。

在平静的环境下观察

可以在猫咪喜欢的地方铺上毛巾等物品让它待着，观察食欲、上厕所的次数、有没有讨厌被碰到的地方等状况。

戴着伊丽莎白项圈时

为了不让项圈造成妨碍，可以把餐具放到平台上等处，让它方便进食，猫咪会通过的地方要预留比平常宽广的空间。

掌握重点，快速喂药避免造成猫咪的压力

喂猫咪吃药时，如果勉强压住猫咪喂食，它有可能会吐掉或咀嚼。可以发出温柔的声音让猫咪安心，快速把药吃下去。如果把药掺入食物中喂食，也要确认是否确实有被吃掉。

喂药方式（1）

用食物包覆，或压碎成粉状喂食。

药丸

❶ 用单手抓住猫咪的头部后方，再用拇指和食指伸入犬齿后方把嘴打开。

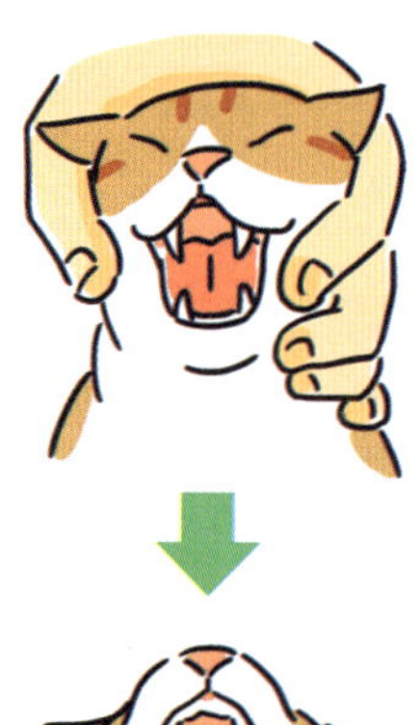

❷ 将猫咪的头慢慢往后倾，朝向上方。

❸ 用另一只手的拇指和食指拿住药，再用剩下的手指把嘴打开，把药放到喉咙深处后合上嘴巴。

合上嘴巴后，轻轻摩擦喉咙可以帮助吞咽。

喂药方式（2）

用量和服用时间等都要依照兽医的指示。人类的药物或补品有致死的风险，所以绝对不能喂食。

药粉

把药粉撒在食物中喂食（要撒在哪一类的食物会依猫咪的身体状况而不同，因此喂食前请先和兽医确认）。

也可以溶在水中，再用和药水相同的方式喂食。

慢慢喂食，以免呛到或溢出。

药水

1. 轻柔地包覆猫咪的头部后方，稍稍后倾。
2. 把滴管伸进犬齿后方（嘴角微微下垂的地方），让药水慢慢流进去。

眼药水

1. 从猫咪后方用单手放在下巴上，让它朝向上方。
2. 用另一只手压住猫咪的头，再用指尖拨开眼睛，从眼尾点药。
3. 如果药水溢出就用纱布擦拭。

不要让猫咪看到眼药水的滴头。

如果将眼药水存放在低温处，可以先用手掌让药水回温至人体肌肤的温度后再点药。

5 猫咪的健康

如果把猫咪的年龄换算成人类

猫咪	人类	猫咪	人类
1个月	1岁	5岁	50岁
3个月	5岁	10岁	70岁
6个月	10岁	15岁	80岁
1岁	18岁	20岁	90岁
2岁	30岁	25岁	100岁
3岁	40岁		

高龄的猫会有这些变化。
牙齿脱落
是造成牙垢、牙结石的原因，所以要刷牙。
趾甲长太长
因为会变得不想磨爪，所以每个星期要剪一次趾甲。
毛发失去光泽
鼻子至嘴巴周围的毛变白，胡须也失去张力。
不再理毛
毛发会越来越缺乏水分，所以要帮它梳毛，擦去污垢。
它会越来越少动，所以也开始需要改变饮食和环境。
这样说来，雷欧也变得不太爱跳了呢……
咕咚
啊呀
也有可能会因为跳跃失败而受伤哦!!
也很容易得甲状腺和肾脏疾病呢！
我们知道了！
要小心注意！
谢谢您！

怎么啦?
该不会你之前也有养过猫吧……
嗯……
!
……
是在2年前。
不过已经过世了。
真是辛苦了。
就是因为我不了解猫，才会发生这种悲剧。
急急忙忙带去医院，却已经来不及了……
才觉得它好像没什么活力，隔天就恶化了。
所以才那么严厉。
所以我希望你们如果爱猫，就要好好负起责任。
不过你们也是很重视它啦!
那只猫比刚来的时候还要可爱了。

看到你，让我又想起猫咪真的是很棒哪。
由香的家
总有一天也得和布布道别哪……
可是现在这么有活力！
你变成老爷爷我还是会照顾你的哟~
布布——
好不好——
……我之前就有在想……
要你来照顾布布，真是不应该。明明是我捡回来的。
怎么这么说……都是多亏布布我才能了解猫。
我觉得很好啊！！
你总是这么努力，
我也想要在旁边支持你，
所以……
紧握……
一起生活吧！
咦？
……

5 猫咪的健康

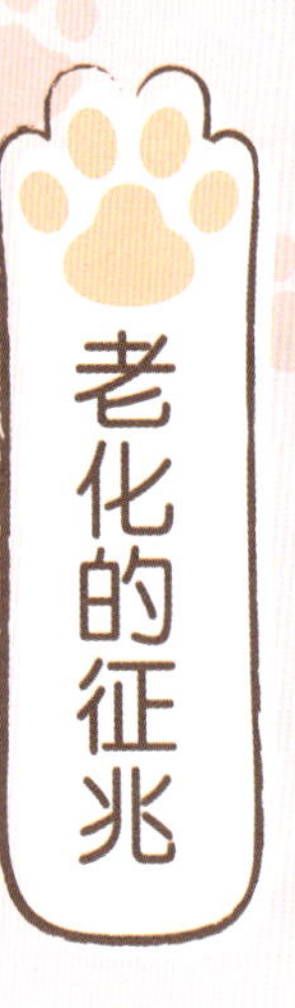

老化的征兆

从举动或身体的变化判断老化的征兆

7～10岁会开始老化。即使看起来和之前没什么两样，还是很有活力，但身体其实已经发生了各种变化。也有可能会发生意料不到的意外，因此要在生活环境上多花费一些心思。

另外，因为免疫力降低，恢复能力变差，也变得比较容易生病。5岁之后心肺功能会减弱，麻醉会造成较大的负担，所以预防疾病及早期发现相当重要。

长寿且健康的护理法

猫的平均寿命约15岁，从7岁开始老化，那么它的一生有一半以上都是高龄猫期。饲主可以了解老化的特征，进行适当的护理，让猫咪能舒适地过日子。从平常就要留心猫咪的身体状况及举动，如果有令人担忧的状况就要尽快就医。

从年轻时喂食适当食物、从事适当运动，就能养出健康而长寿的猫咪。

容易罹患的疾病

· 肾脏病（慢性肾衰竭等）

这是高龄猫最容易罹患的疾病，会产生体重减轻及喝多尿多等症状。

· 心脏病（心肌症等）

会产生呼吸困难或胸部、腹部积水等症状。

· 牙齿及口腔疾病（牙周病等）

猫咪容易堆积牙垢，可能会导致口臭或食欲不振，甚至要拔牙。

· 癌症

高龄猫容易罹患淋巴肿瘤或乳癌。

· 肌肉及骨骼疾病（关节炎等）

如果恶化可能会难以走动。

老化的征兆

可以在平时多观察猫咪的状况，有变化时就要进行适当的处理。

视力减弱可能会造成受伤或碰撞

猫咪会越来越经常撞到东西、踩错高度或脚步踉跄。如果眼睛出现白色而混浊，则有可能是白内障（P.158）。

听力减弱，对周围没有反应

听不到人靠近的声音，突然碰它会吓着，甚至可能会攻击。可以稍微大声一点叫它，等猫咪发现后再碰它。

动作迟缓，经常睡觉

动作变得缓慢，每天几乎都在睡觉。骨头和关节衰退，容易骨折，治疗的效果不大，手术也会造成负担，必须留意。

肌肉变得无力，脂肪增加而逐渐变胖。

运动不足可能会使肠道的蠕动减缓，排便要花费较多时间。

食欲降低，上厕所次数增加

对食物的喜好改变，也有可能会挑食。肾脏功能减弱使得喝水量增加，上厕所的次数也变多。

有时也可能让人误认为是老化现象，但其实是生病了。如果持续食欲不振或排泄不出来，最好尽早咨询兽医。

和高龄猫相处的方式

让高龄猫能舒适生活的环境和护理非常重要

10岁之后，猫咪每天大半的时间都在睡觉，如果这样下去肌肉和体力都会持续减弱。在不造成猫咪负担的范围内跟它玩，可以让它增进食欲及消除压力。另外，如果照顾得太无微不至，猫咪就会因为少动而提早老化。可以在环境上多花点心思，尽量让猫咪自行打理生活。

高龄猫的健康检查

最好每个月称一次体重。如果饮食明明相同，体重却突然减少15%以上，就有可能是肾脏或甲状腺的疾病，必须送医检查。肥胖会造成心脏、脚和腰的负担，导致糖尿病或传染病，因此必须借由饮食和运动加以控制。

善加利用市面上各种服务

如果猫咪持续卧床，白天自己在家会感到不安时，可以利用宠物旅馆或医院的日间照顾、短时间寄养、宠物保姆的上门看护等服务。

另外，如果是经济上有问题，或是离婚、家人过敏等状况而实在无法照顾猫咪，可以试着寻求终生护理的机构及服务。因为费用及环境都不尽相同，必须仔细评估。

打造适合高龄猫的环境

可以准备一个舒适的环境，让高龄猫的身体没有负担。有些地板容易滑倒，所以也建议铺上地毯或榻榻米。

缩小生活空间并保持顺畅

将吃饭的地方和猫砂盆移到睡床附近，打造不需要长距离走动的环境。想上厕所的时候很快就能上，次数也会增加。

让猫咪可以挑选舒服的睡床

在夏凉冬暖的地方多准备几个睡床，让猫咪可以挑选舒服的地点。也可以运用靠垫以防止褥疮。

减轻脚和腰的负担

在猫咪会跳下的地方铺上坐垫等物品，让它可以轻松地爬上喜欢的地方，设置斜坡和踏板以减轻负担。

避免剧烈的变化

对高龄猫来说，搬家或摆设改变都是很大的压力。视力减弱，不习惯新家具的配置也有可能会导致受伤。

适合高龄猫的饮食

由于基础代谢降低，肌肉量和运动量也减少，所以如果继续食用和年轻时一样的食物可能会变胖。最好选择适合高龄猫的食物及方式喂食。

分成少量喂食，让它容易进食

增加每天的吃饭次数，让它少量地进食。把干粮泡胀，喂食柔软的食物等，让它容易进食（P.126）。

如果嫌弯腰很麻烦，可以把碗放在平台上帮助进食。

换成高龄猫用食品

为了防止发胖，要改吃蛋白质和脂肪含量低、低热量的食物。盐分会造成心脏和肾脏的负担，因此要避免过量摄取。

到处摆放新鲜的饮水

不喝水有可能会引起脱水症状，所以可以准备很多水碗，摆放在不同位置，同时也可以解决便秘的问题。

将水盆摆放在多个地点也能增加喝水的机会哟！

高龄猫的身体照护

由于高龄猫越来越难以自行理毛，所以可以帮助清理。眼、耳、口、鼻和臀部等容易弄脏，要经常以拧干水的热毛巾擦拭，保持清洁。

每天温柔地梳毛

被毛变薄，所以梳毛要温柔，不要用力。梳毛也有促进血液循环的效果。脏污明显时，可以用温暖的热毛巾擦拭。

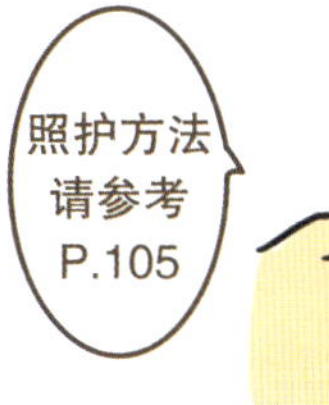

脸部周围要常保清洁

用拧干热水的棉布擦去眼屎和口水，并且用纱布缠绕手指，进行牙齿和牙肉的照护。

受伤前先剪趾甲

年纪大了之后，趾甲会无法收进爪鞘里，而且因磨爪次数减少，趾甲不断生长，有可能会插入脚掌或肉球中，所以长长了就要剪短。

怀着一颗感谢的心向它道别
好好地为爱猫送行

即使再怎么珍惜，也总有一天会和降临在生命中的爱猫道别。猫咪离开后，可以向兽医打听葬礼的相关信息和设施。

另外，如果是因为传染病而过世，从卫生的角度来看，一定要在地方政府或宠物墓园处火葬。

遗体的清理方式

用拧干热水的毛巾擦拭全身，将它清理干净。死后两小时左右身体会僵硬，所以要在这之前为它合上双眼，将手脚轻柔地往胸部的方向弯曲，用布或毛巾包裹后放入纸箱或木箱里，再安置于阴凉的房间内。

夏天可以开冷气，或用保冷剂抵在头部及腹部降温。

丧失宠物症候群

因为爱猫的死所造成的打击而食欲不振或失眠，连带有疲劳和失落感是可以理解的。好好地送行，就能接受它的离开，缓和失落感。不要一个人伤心，难过的时候可以出门走走。

向朋友或咨询师抒发也很有效。

供养的方法

在日本主要可以用下列三种方法供养，国内则依地方政府或宠物墓园而有不同的制度和费用，必须事先询问。

埋在自己的私有土地

在自家庭院等地挖1米以上的洞穴，在容易腐化的纸箱或木箱中，放入用布或毛巾包裹的遗体后掩埋。

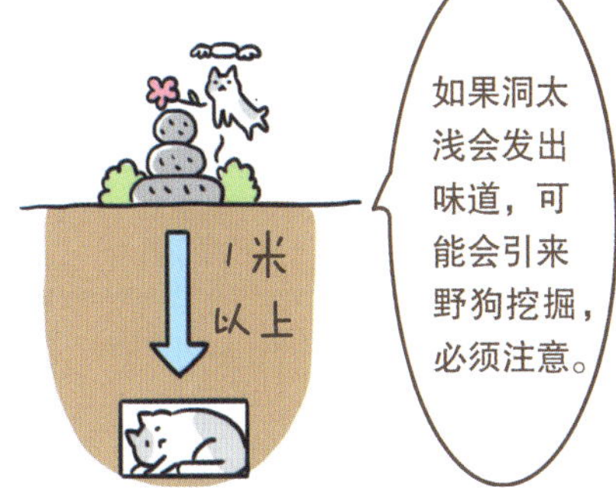

埋在公园或森林等私有土地以外的公共空间，属于违法行为。

在地方政府的卫生所、清洁队处火葬

在宠物专用的火葬场或与地方政府签约的宠物墓园进行，处理方式和费用各不相同。

宠物墓园

有和其他宠物一起火葬的“集体火化”、将遗体分别火化的“个别火化“，以及饲主可以参与过程的“陪同火化”三种。

OX不动产
布布会不会喜欢新家呢？
猫对环境的变化很敏感哪！
听说一开始先让它待在笼子里习惯就好了……
铃铃铃
咦~
真由？
啥？好像快生了?!
老家
没事的~
怎么办？
冷静点……
箱
啊~
生啦！
咪~
咪~
咪~

我朋友说他想养一只。
太好了~谢啦！
加藤店里的客人也说想要养。
这只猫由我们领养。
咪~
咪~
之后会让它在猫咪咖啡厅露面。
最后就剩下它了……
叮~咚~
啊……
我们看到告示
我儿子说他看布布，看着看着也想养一只……
征求领养人
咪~
呜哇~好可爱~
可以让我们养吗？
咪~
嗯！我很乐意！
不过……
咻

咻~
虽然它现在还小，但是只要经过半年就会长大哦！
咪~
也要每天喂它吃饭跟清猫砂哟！
姐姐……
即使这样你也能好好养它吗？
点头
嗯！！
我一定会好好照顾它！！
谢谢，那就麻烦你了。
哇！！
真是太好了。

照顾幼猫的时候要……
好
多亏了猫咪才能遇见各式各样的人呢！
这段时间我也认识了在动物医院遇到的人……
是啊！
呼噜呼噜~
听说开始养猫之后，家人间也更常聊天了哟！
我回来了~
喵~
我公司的同事也说都是因为猫咪才会更努力。
也有人在猫咪咖啡厅交到朋友哦。
叽里呱啦
真希望大家都能珍惜刚出生的猫咪，和陪伴我们至今的猫咪……
它们都是重要的家人啊！
谢谢……

图书在版编目（CIP）数据

猫咪不是故意的：图解全阶段养猫宝典 / 日本自由社著；（日）浅井亮太审订；林佩蓉译.—上海：上海世界图书出版公司，2016.7（2022.7 重印）

ISBN 978-7-5192-0775-5

Ⅰ. ①猫… Ⅱ. ①日… ②浅… ③林… Ⅲ. ①猫—驯养—图解 Ⅳ. ①S829.3-64

中国版本图书馆 CIP 数据核字(2016)第 087854 号

责任编辑：孙妍捷

NEKO GOKORO
Edited by Liberalsya
Supervised by Ryota ARAI

Illustrations by NEKOMAKI
First published in Japan in 2012 by Liberalsya Co., Ltd.
Simplified Chinese translation rights arranged with Liberalsya Co., Ltd.
through Japan Foreign-Rights Centre/ Bardon-Chinese Media Agency

猫咪不是故意的 图解全阶段养猫宝典

日本自由社 著
[日] 浅井亮太 审订
林佩蓉 译

上海世界图书出版公司出版发行
上海市广中路 88 号 9—10 楼
邮政编码 200083
杭州锦鸿数码印刷有限公司印刷
如发现印刷质量问题，请与印刷厂联系
（质检科电话：0571-88855633）
各地新华书店经销

开本：710×1000 1/16 印张：12 字数：135 000
2016 年 7 月第 1 版 2022 年 7 月第 9 次印刷
ISBN 978-7-5192-0775-5/S•12
图字：09-2015-875 号
定价：49.80 元
http://www.wpcsh.com